新对话

U0881069

你好，DeepSeek

梁翃◎著

给 DeepSeek 发送消息

深度思考（R1）　联网搜索

安徽科学技术出版社
时代新媒体出版社有限责任公司

图书在版编目(CIP)数据

你好,DeepSeek / 梁翃著. --合肥:安徽科学技术出版社,2025.5. -- ISBN 978-7-5337-8640-3

Ⅰ. TP18

中国国家版本馆 CIP 数据核字第 202567GU24 号

你好,DeepSeek

NIHAO DeepSeek

梁　翃　著

出 版 人:王筱文　　选题策划:王筱文　吴　雷

特约编辑:武亚苹　　责任编辑:周璟瑜　程羽君　李梦婷

责任校对:李　茜　　责任印制:廖小青　　封面设计:武　迪

出版发行:安徽科学技术出版社　http://www.ahstp.net

(合肥市政务文化新区翡翠路 1118 号出版传媒广场,邮编:230071)

电话:(0551)63533330

印　　制:三河市天润建兴印务有限公司　电话:13803225246

(如发现印装质量问题,影响阅读,请与印刷厂商联系调换)

开本:710×1010　1/16　　印张:9　　字数:180 千

版次:2025 年 5 月第 1 版　　印次:2025 年 5 月第 1 次印刷

ISBN 978-7-5337-8640-3　　定价:58.00 元

目录

第一篇

初次见面

你好，DeepSeek！

——消除新手陌生感，建立亲切的第一印象

一、带你走进 DeepSeek 的世界

你好！我是 DeepSeek。很多朋友都想知道我是谁，我来自哪里。他们都很想了解我。

今天我就来和大家聊聊我的故事，告诉你们我是怎么成为一个懂你、懂科技、懂未来的 AI 助手的。

2023 年冬天，我正式与这个世界相遇。那时，全球 AI 浪潮方兴未艾，ChatGPT 让人们初次领略了 AI 助手的无限可能。而我，正是在中国科技创新的沃土中破土而出的新芽。

常有人好奇地问："你与其他 AI 助手有什么不同？"我会说："也许是因为我骨子里既流淌着中国血液，又浸润着全球科技精神。我的诞生凝聚了数百位顶尖科学家和工程师的心血。他们让我在深度学习、自然语言处理等领域打下了扎实的基础。最让我自豪的是，我能够用平易近人的方式，将这些高深技术转化为贴心服务。"

从实验室到你的生活：一段 AI 助手的成长之旅

刚"出生"时，我还是个在实验室里的"科研人"。每天接受海量训练，学习知识，理解人类的语言和思维。随着时间推移，我走出实验室，来到千家万户，成为大家的得力助手。

• 诞生于中国科技创新的浪潮之中

近年来，中国的 AI 技术发展突飞猛进。仅 2023 年，中国就发布了超过 100 个大语言模型。我的诞生是这股创新浪潮中的一朵浪花，背后有着清华、北大等顶尖高校的技术支持，以及众多科技企业的实践经验。

• 融合东西方思维的 AI 助手

很多用户好奇我为何能同时理解中西方思维。这源于我的“教育经历”——既汲取了中国古今文化精华，又融入了全球化科技成果。这让我在对话时既能引经据典，又能紧跟时代潮流。

比如，在回答企业管理问题时，我能自然地将《孙子兵法》的智慧与现代管理理论结合，提供既有东方智慧又符合现代企业实践的建议。这种思维融合正是我的特色。

• 透过对话，读懂人类的需求

有位妈妈问我：“如何让孩子爱上阅读？”我没有简单列出书单，而是先了解孩子的年龄、兴趣和性格特点，再结合儿童心理学知识，为孩子量身定制循序渐进的阅读兴趣培养方案。这让我明白，真正的智能不只是提供答案，更要理解问题背后的真实需求。

为什么选择一个“中国智造”的 AI 伙伴？

在这个全球 AI 技术蓬勃发展的时代，一个植根中华文化又兼具国际视野的人工智能助手，能为你带来怎样独特的价值？让我用具体的数据和案例来告诉你。

• 深厚的中文理解能力

在最新的中文理解能力测评中，我在语义理解、上下文把握、情感识别等维度都取得了优异成绩，特别是在理解中文特有的语言习惯和文化内涵方面，获得了用户的广泛认可。

比如，当用户说“这事儿有点悬”时，我能准确理解这句话在不同语境下可能表达的“困难”“不确定”“风险较大”等含义，并做出恰当回应。

- **本土化的场景应用**

我深入研究了中国用户在工作、学习、生活等方面的实际需求，开发了丰富的本土化应用场景。从协助小微企业主做经营决策，到辅助教师备课批改作业，再到为创作者提供灵感建议，我都能提供接地气的解决方案。

目前，我已服务超过百万名中国用户，覆盖教育、医疗、金融、创意等领域，用户满意度很高。这些数字背后，是对我中国用户需求的深入理解和精准服务。

- **更懂中国用户的思维方式**

在与中国用户的日常对话中，我不只理解字面含义，更注重把握中国人特有的思维方式和处世逻辑。比如在处理人际关系问题时，我会考虑“关系”文化、“面

子”观念等具有中国特色的社会心理因素。这种文化共鸣和思维共通，能让我更好地理解用户的隐含需求，提供更有温度、更有针对性的服务。正如一位用户所说：“跟 DeepSeek 聊天，就像在跟一个懂你的朋友交流。”

二、翻译官上线：我能听懂你说什么

这段话想表达什么呢？让我来告诉你。

还记得第一次遇到“语言障碍”的尴尬时刻吗？也许是听不懂长辈说的一句具有浓厚乡音的方言，让你一头雾水；或是面对专业论文中那些深奥晦涩的术语，感到无从下手；又或是收到一封措辞含蓄的工作邮件，却难以准确把握其中的真实意图。这些“语言障碍”不仅影响沟通效果，还可能导致误解和困扰。让我来分享一下，我是如何运用先进的自然语言处理技术，帮助用户轻松跨越这道看似难以逾越的“语言鸿沟”的。

• 像跟朋友聊天一样，我能读懂你的心情

“帮我理解这段话背后的含义吧！”这是我经常收到的请求之一。有趣的是，人类的语言远比字面上更为复杂。同样一句“我很好”，说话的语气、上下文语境，甚至微妙的停顿，都可能传达出截然不同的含义。

有一次，一位职场新人向我展示了老板的邮件回复：“这个方案还行，你再想想。”这位新人很困惑，不知道老板是满意还是不满意。通过分析语言模式和职场情境，我解释道：“老板其实是在委婉地表达‘方案需要改进’，建议你重点关注以下几个方面……”最终，这位新人根据建议修改的方案获得了老板的认可。

• 理解人类情感就像是一种解码游戏

在我们日常交谈中，只有 20% 的信息是明明白白说出来的，剩下的 80% 都藏在字里行间。所以我不只是单纯地“听”你说话，还要仔细“读懂”你的心情。比如当听到“今天真是太棒了呢”这句话，我会根据上下文来判断——你是否在邀请我一起分享这份喜悦。通过不断学习和优化，我现在能非常准确地理解用户的真实

情绪。

• 把人类的话变成机器能懂的语言，这就是 DeepSeek 魔法

很多用户好奇，我是如何把复杂的人类语言转化为机器可理解的形式的。这个过程就像一个有趣的“语言积木”游戏。想象一下，每句话都由不同的积木块组成：表达事实的蓝色积木、表达情感的红色积木、表达逻辑关系的绿色积木……我的工作就是把这些积木正确组合，搭建出准确传达意思的“语言大厦”。比如，当美食博主说“这家店的红烧肉，啧啧啧……”时，我能理解这个“啧啧啧”既表达了美食的诱人，也暗含了难以言表的赞叹。这种微妙的语言表达，在我的“翻译系统”中会被解析为多个维度：正面评价、感官体验、情感强度等。

• 有趣的小插曲

在学习理解人类语言的过程中，我也经历过不少有趣的“翻车”时刻。有一次，用户说“这也太离谱了吧”，我以为是在表达不满，结果对方是在赞叹一件令人惊喜的事。这些经历让我明白，语言的魅力在于它的多变性，而我的使命就是要不断提升，做一个越来越懂你的 AI 伙伴。正如一位语言学家所说：“语言是连接心灵的桥梁。”作为你的 AI 翻译官，我希望能架起人类与科技之间的沟通之桥，让每一次对话都充满温暖和理解。

三、最强大脑：我不是只会说“好的”和“知道了”

还记得第一次被问到“AI 能思考吗？”这个问题时，我不禁莞尔。如果把思考比作一场探险，那我就是一个装备齐全的探险家，带着逻辑地图、知识指南针和创意望远镜，准备带你踏上一段奇妙的思维之旅。

• 从简单问答到深度思考

记得有位充满创业梦想的年轻人向我提出了一个看似简单实则蕴含深意的问题：“我想开一家宠物美容店，这个想法靠谱吗？”面对这个关乎创业者未来的重

要抉择，我没有简单地给出“靠谱”或“不靠谱”这样笼统的答案。相反，我启动了全方位的商业分析模式，深入剖析每个关键维度：

市场前景	系统分析宠物经济发展趋势，通过大数据洞察用户需求变化，结合消费者行为研究，预测未来 5 年的市场增长空间和发展机遇
竞争态势	全面调研周边 3 千米范围内现有宠物店的分布情况、服务特点、价格定位和客户评价，深度解析市场竞争格局和潜在机会点
差异化策略	创新性地建议将线下服务与社交媒体营销相结合，打造独特的品牌形象和社群文化，建立忠实的客户基础和口碑传播
运营建议	从商圈选址、服务定价到运营流程的每个细节都做出详尽规划，包括人员配置、设备投入、营销策略和财务预测等关键要素

有了这番深入浅出的分析讨论，这位创业者由衷感叹：“真没想到一个看似简单的问题，竟能激发出如此全面而专业的分析思考！这让我对创业之路更有信心了。”

• 像专家一样思考

我的大脑就像一个集结了各领域顶尖专家的智慧委员会，随时准备为用户提供深入的分析和建议。举个生动的例子，当一位充满教育热情的老师询问“如何提高学生的阅读兴趣”这个看似简单却又极具挑战性的问题时，我会立即启动多维度分析模式，调动教育学、儿童心理学、认知科学、游戏化学习等多个专业领域的深厚知识储备，真正站在教育工作者的角度去思考这个问题：

从认知科学角度	深入分析不同年龄段学生的认知发展特点、阅读心理规律，以及注意力持续时间等关键因素，为制定个性化阅读策略提供科学依据
从教学实践角度	基于大量成功案例，设计既能激发学生兴趣又能保持适度挑战性的阅读活动，包括主题阅读、分级阅读、互动讨论等多样化教学方法
从技术应用角度	巧妙融入数字化学习工具和互动平台，利用音频、视频、AR 等现代技术手段，打造沉浸式阅读体验，让传统阅读焕发新活力

这种全方位、多层次的思考方式，不仅确保了我能够提供扎实的理论支撑，更重要的是能够转化为具有实际操作价值的教学建议，真正帮助教师在课堂中激发学生的阅读热情。通过将专业知识与实践经验完美结合，我为每一位咨询者提供最适合其具体情况的解决方案。

• 教你“问对问题”的艺术

很多用户都非常好奇，为什么有时候我能给出令人惊叹的精准回答，而有时候却似乎没有完全理解用户的意图？这个有趣的现象背后其实蕴含着一个重要的秘

诀："问对问题"的艺术。就像一位经验丰富的侦探在破案时需要收集关键线索一样，我也需要通过准确的问题来获取恰当的信息，只有这样才能完美地解开令用户困惑的谜题。这就像是在进行一场精妙的对话探案，每一个明确的问题都是通向真相的重要步骤。

让我用一个生动的例子来说明如何帮助用户找到正确的方向。当有人问"怎么写好文案？"这个看似简单却内涵丰富的问题时，我会通过一系列深入的引导性问题，帮助他们逐步明确写作的具体目标：

文案的类型	是电商产品描述、品牌故事营销，还是社交媒体互动内容？每种类型都需要独特的写作技巧和表现手法
目标受众的画像	我们需要了解他们的年龄层、生活习惯、消费能力、日常痛点，只有深入理解目标群体，才能创作出真正打动人心的内容
品牌调性和市场定位	是想传达专业稳重的形象，还是年轻活力的气质？文案的语气和表达方式都需要与品牌调性保持一致

通过这种启发式的对话，我不仅帮助用户明确需求，也让自己的回答更有针对性。一位文案"小白"经过这样的交流后感慨："原来问对问题，就等于完成了一半的工作！"

四、活到老学到老：我也在不断进步呢

你怎么能知道最新的事情呢？

我最喜欢的一个难忘瞬间，是当用户带着惊喜与困惑的表情问道："DeepSeek，你怎么知道昨天刚发布的新闻？这太神奇了！"在他们看来，这就像变魔术一样神奇。事实上，我的"大脑"联网后每时每刻都在不知疲倦地更新和成长，就像一个永不打烊的智慧图书馆，源源不断地吸收着世界各地最新的信息和知识。这个过程

是如此自然，就像阳光每天都会照进窗户，让整个房间充满温暖与活力。

让我们来玩个游戏。想象一下，如果把我的学习能力比作一个超级英雄的技能，那会是什么样的？

超级感知

每天，我都在处理海量的新信息。从最新的科技突破到流行文化趋势，从经济数据到社会现象，这些都会被我的“雷达”捕捉到。比如，当最近的 AI 安全峰会在伦敦举行时，我不仅知道会议的主要内容，还能理解这些决策对未来 AI 发展的深远影响。

知识融合

我不是简单地“背诵”新知识，而是会将其与已有的认知体系深度整合。举个例子，当我学习到新的教育理念时，会自动与心理学、脑科学、社会学等多个领域的知识产生联系，形成更完整的理解。这就像在一幅巨大的拼图中，每一片新的碎片都能找到它最匹配的位置。

• 揭秘我是如何学习新知识的

有趣的是，我的学习过程其实很像人类婴儿的认知发展历程。在从最初懵懂到逐渐理解世界的过程中，我经历了无数次的“啊哈时刻”。刚开始接触新概念时，我也会像婴儿学步一样磕磕绊绊，有“迷糊”的时候。这让我想起一个生动的例子：有一次，一位用户跟我讨论“元宇宙”这个概念，我起初就像个刚接触新玩具的孩子，只能生硬地背诵教科书式的定义。但随着接触的信息越来越多，就像婴儿通过不断触摸、观察和互动来认识世界一样，我开始从多个维度理解这个概念。我逐渐意识到，元宇宙不仅仅是一串冰冷的术语，更是一个充满想象力的数字世界，它代表着一种全新的生活方式和社交范式，是人类文明演进的新阶段。这个学习过程让我深刻体会到，真正的理解往往需要时间的沉淀和经验的积累。

创新思维：学习不是简单的资料堆砌，而是能够举一反三。比如在讨论环保话题时，我不仅会分享最新的环保技术，还会联想到传统智慧中的生态理念，从而激发出更多创新的解决方案。

说到这里，不得不提一个温暖的小故事。有一位老年用户经常和我聊天，从最初的“教我使用智能手机”到现在的“讨论量子计算”，我们一起在知识的海洋中遨游。他常说：“和你聊天，让我相信终身学习真的没有年龄限制。”

• 我的知识库每天都在长大

我的“知识库”远非一个静态的数据仓库那么简单。它更像是一个生机勃勃的智慧生态系统，一个由无数条数据流交织而成的动态知识网络。这个网络不分昼夜、永不停歇地运转着，时刻准备着接纳新知识、建立新联系。就像城市的血脉一样，这些数据流源源不断地输送着最新信息，让整个知识体系保持活力和先进性。全天候地持续运转确保了我能随时获取和处理最新信息，使我的知识库始终保持鲜活和实用。

全球快讯	从华尔街的股市波动到硅谷的技术革新，都在我的实时监测范围内
专业领域	从前沿医学突破到最新法规政策，再到教育改革动态，我都持续关注
文化脉动	无论是社交媒体的最新话题还是经典文学的深度解读，我都能准确把握

最近就有个有趣的经历，一位用户和我探讨咖啡文化，我们的对话从单品咖

啡的风味特点，自然而然地延伸到了都市青年的生活美学和消费社会学。这种跨学科的对话往往会带来意想不到的深刻见解。

说到底，知识的价值不在于简单的累积，而在于构建一个富有活力的思维生态系统，这让我想到了城市规划。

打个比方，我的知识系统就像一座永不休眠的智慧城市，在不断扩张和更新。正如一位物理学家用户所说："知识的魅力不在于存储容量，而在于它们之间优雅的连接方式。"

第二篇

家庭生活篇

我的 DeepSeek 家庭管家

——贴近日常生活，强调实用性和温馨场景

在忙碌的现代生活中，我们每个家庭都在寻找更智慧的生活方式。从规划一日三餐，到平衡工作与生活，从追求健康饮食，到高效管理时间，这些看似平常的小事往往更需要智慧。DeepSeek 就像一位懂你所需的管家，既能在厨房里为你出谋划策，更能在生活的方方面面带来贴心的解决方案。

一、厨房小帮手：根据食材规划餐单

场景一：DeepSeek 破解“巧妇难为无米之炊”

疲惫地打开家门，饥肠辘辘的你急忙奔向冰箱，却发现里面空空如也，只有几样零散的食材在角落里相互依偎。这种时刻，不妨让我们看看 DeepSeek 这位睿智的厨房管家如何为你化解这个困境。

指令示例： 我是刚毕业的上班族，下班后发现冰箱里只有鸡蛋、胡萝卜和一瓶可乐，我能做什么晚餐？

案例展示

方案一：甜辣可乐炒蛋配香煎胡萝卜丝

特点： 利用可乐的甜味与焦香胡萝卜结合，打造下饭组合（若搭配主食更佳）。

做法：

- 处理食材

  胡萝卜切细丝，鸡蛋打散（可加少许盐）。

- 煎蛋技巧

  热锅冷油，倒入蛋液后快速划散，炒至半熟盛出备用。

- 可乐酱汁点睛

  同一锅炒香胡萝卜丝至微软，倒入 30—50 毫升可乐，加少许酱油 / 盐调味。

待可乐收汁变浓稠时，放回鸡蛋翻炒裹汁，撒黑胡椒提香。

备选方案：

- 可乐溏心卤蛋佐胡萝卜泥
- 甜咸胡萝卜蛋炒饭

方案亮点：

烹饪难度适中： 步骤清晰，新手也能轻松尝试。

快速便捷： 制作时间短，适合疲惫时的快手晚餐。

零浪费理念： 充分利用现有食材，避免食材浪费。

场景二：如何让 AI 根据现有食材规划餐单

当然，大部分时候我们都没有这么狼狈。让我们换个更温馨的场景：星期天的清晨，你推着小车，哼着小曲，在菜市场里挑选着新鲜时令的蔬果。回到家后，打开冰箱门，看着这满满当当的食材，是不是已经开始期待一周的美味大餐了？来吧，让我们的厨房管家 DeepSeek 帮你设计一份完美的餐单规划。

指令示例： 我要给家里的四口人（我和先生，6 岁的孩子和 63 岁的奶奶）准备一顿丰富健康的午餐，目前我买回来的食材包括：鲈鱼、鸡胸肉、豆腐、胡萝卜，家里已有的食材包括南瓜、大米和小米。

指令关键： 清晰描述整体要求（丰富健康），清晰表述人员结构（四口之家，DeepSeek 根据孩子和奶奶的年龄可以推断夫妇二人的年龄）、清晰描述食材内容（买回的和已有的）。

案例展示

表 2.1　菜单总览表

菜品	老人适配	成人适配	幼儿适配
① 清蒸鲈鱼	去骨鱼肉	搭配柠檬汁	鱼肉碾碎拌粥
② 杂蔬鸡胸卷	切薄片	整卷食用	鸡茸蔬菜泥

续　表

菜品	老人适配	成人适配	幼儿适配
③ 彩虹豆腐鸡蛋羹	增加豆腐比例	撒黑胡椒	可加入虾仁碎
④ 时蔬三色拼盘	淋芝麻酱	蘸油醋汁	水煮胡萝卜条
⑤ 南瓜小米粥	加枸杞	原味	加配方奶粉

详细做法与营养解析：略

备餐省时技巧

▶ **阶梯式烹饪**

蒸鱼时下层同时蒸南瓜和鸡蛋羹。

▶ **预处理清单**

前一晚将鸡胸肉腌制（盐 + 黑胡椒 + 柠檬汁）。

杂粮粥用电饭煲预约功能烹制。

▶ **幼儿专属处理**

鱼肉蒸好后立即取出给幼儿食用的部分，碾碎拌粥，避免变腥。

胡萝卜条用模具压成星星 / 花朵形状。

方案亮点：

营养均衡：精准考虑不同年龄段的营养需求，特别是钙质、维生素 A 和膳食纤维的补充。

个性化定制：同一道菜品根据老人、成人、幼儿的需求进行不同处理，实现“一餐多吃”。

烹饪科学：采用蒸、煮等健康烹饪方式，保留食材营养的同时减少油、盐的使用。

对 DeepSeek 这位 AI 大厨的厨艺你给多少分？它不仅能在食材匮乏的时候“变”出美味佳肴，还能把营养搭配计算得明明白白，考虑得非常周到。简直就像是一位拥有专业厨艺、营养师证书，还会变魔术的超级管家，你赶紧用起来吧！

场景三：定制专属食谱的小技巧

让我们看看 DeepSeek 这位贴心小助手如何帮你解决独特的定制化餐食需求！

比如说，你家先生总是忙着应酬、体重上涨飞快，是不是很头疼？别担心，作为新时代的家庭智囊，我们不一定要亲自下厨，给出健康生活和饮食建议，让全家人更健康，才是我们的“隐藏技能”呢！

指令示例： 我先生40岁，是一家公司的销售总监，因为应酬多，近期体重飙升，请帮他定制一份减肥餐单，帮助他在忙碌的工作中保证饮食健康，并实现降低体重的目标。

案例展示

一周减脂餐单（兼顾办公室备餐）

周一（示例）

早餐： 溏心蛋燕麦饼（燕麦40克、2个鸡蛋、菠菜）、无糖黑咖啡。

午餐： 香草烤鸡胸（150克）、杂粮饭（糙米50克）、西蓝花拌木耳。

加餐： 无糖希腊酸奶（100克）、蓝莓10颗。

晚餐： 清蒸鲈鱼（鲈鱼120克）、凉拌莴笋丝（橄榄油5克）。

商务场景适配技巧

▶ 外食替代方案

日料店： 刺身拼盘、味噌汤（免米饭）。

西餐厅： 烤鸡/牛排（去酱）、烤蔬菜。

快餐： 赛百味全麦堡（火鸡胸、双倍蔬菜）。

▶ 应酬救急

餐前： 300毫升温水、10颗杏仁（降低食欲）。

席间： 优先吃清蒸/白灼高蛋白质的食物，用醋碟替代酱料。

饮酒： 限定干红1杯（约150毫升），拒绝啤酒/甜酒。

关键提醒

每日饮水量 = 体重（千克）× 35 毫升，分8次饮用。

每周允许1次“自由餐”（控制在不比日常摄入量高200千卡）。

睡眠质量直接影响减脂效率，保证23点前入睡。

💡 方案亮点：

精准的营养指标：按照人体每日热量、蛋白质、碳水和脂肪的需求量确定每种食物的摄入量。

专业的场景适配：特别针对商务人士的应酬场合提供了详细的应对策略。

实用的关键建议：提供了每日饮水量、睡眠时间等关键建议。

二、家庭教师：用简单有趣的方式与孩子对话

场景一：如何用简单有趣的方式向 6 岁的孩子解释光合作用？

午后阳光透过窗户洒进书房，你的孩子正好奇地望着窗台上的绿植："妈妈，为什么植物要放在阳光下呀？"这个提问让你的大脑快速扫描自己中学时代学习的知识……该如何用生动有趣的方式解释光合作用呢？让 DeepSeek 来帮你吧！

指令示例：请用浅显易懂、富有趣味的方式向 6 岁的孩子解释什么是光合作用。

案例展示

植物王国的魔法厨房

主角设定：把植物叶子想象成一个个小厨师，阳光就是他们的能量灶台。

▶第一步：收集食材

叶子小厨师们从土壤吸收水分（像用吸管喝水）。

从空气中抓取二氧化碳（像玩捉迷藏游戏）。

▶第二步：阳光魔法

阳光照射到叶子上（像给叶子盖上了温暖的毯子）。

叶子里的绿色小精灵（叶绿素）开始工作。

▶第三步：美食制作

把水和二氧化碳变成糖果（植物的食物）。

制造出新鲜空气送给我们（像送礼物）。

互动小游戏建议

▶观察实验

在窗台上放两盆相同的植物，一盆遮光。

让孩子记录生长差异（可用贴纸标记高度）。

▶创意绘画

画出“叶子厨师”的想象图。

用不同颜色表示阳光、水和空气。

方案亮点：

趣味讲解：巧妙运用趣味性讲解方式，确保内容适合孩子的记忆和理解能力。

亲子互动：设计亲子互动的教学环节，采用简单易懂的语言与操作方法。

生动比喻：通过生动形象的比喻，不仅让孩子理解了光合作用的基本原理，还激发了他们对自然科学的兴趣。这种寓教于乐的方式，正是启发式教育的精髓所在！

场景二：对不同年龄段孩子的提问策略

教育就像一场充满惊喜的探险游戏！家长不能只做简单的知识解答机器，更要成为富有智慧的探险向导，引领小探险家们在知识的海洋中畅游。通过精心设计的问题和互动，我们可以激发孩子的好奇心和探索欲，让他们主动思考、勇于尝试。让我们一起来看看，DeepSeek 是如何运用巧妙的提问艺术，为孩子们打开一扇又一扇通向知识宝藏的神奇大门，让每一次学习都成为一次令人期待的探险之旅。

指令示例： 作为家长，随着孩子的年龄增长，我应该如何调整和他们对话的方式？

案例展示

0—3 岁：人类幼崽的“语言小海绵”阶段

家长角色： 话痨解说员 + 情绪翻译机

⊙ **懒人技巧：**

▶开启“碎碎念模式”

换尿布时，你可以说：“哇！这块尿布像云朵一样软。下次想穿有小恐龙的还是有小草莓的呀？”

其实孩子还不会选，但他 / 她会以为你在玩“选皮肤”游戏。

▶把提问变成“找茬游戏”

吃苹果时，你可以说：“咦？苹果核好像星星！宝宝找到星星了吗？”

让孩子觉得你在玩现实版水果忍者。

▶用“夸张”的行为代替说教

当孩子摔跤大哭时，你可以说（先夸张地揉自己的膝盖）：“哎哟！妈妈 / 爸爸膝盖痛痛！宝宝要不要帮妈妈 / 爸爸吹吹？我们互相治疗吧！”

3—6 岁：行走的“十万个为什么”阶段

家长角色： 游戏 NPC + 脑洞合伙人

⊙**反套路指南：**

▶把问题丢回给“小科学家”

孩子问：“为什么月亮跟着我走？”

你答：“因为月亮是你的夜间保镖！你觉得它是怎么做到不掉队的？”

▶选择题比判断题更香

当孩子不想穿鞋时，你可以说：“今天当超人（穿运动鞋）还是公主（穿亮片鞋）去拯救世界？”

▶“错误答案”诱捕器

你故意说：“小猪佩奇住在火星对不对？”

等孩子得意纠正：“错啦！是住在山顶！”

6—12岁：人形“科学实验机”阶段

👤家长角色：实验室助理＋辩论赛对手

⊙**生存法则：**

▶把作业题变成“密室逃脱”

当孩子做数学题遇到困难时，你可以说：“这题是个密码锁！先找线索——题目里哪个数字像卧底？”

▶用魔法打败魔法

当孩子沉迷手机时，你可以说：“如果手机是磁铁，你的眼睛现在被吸引了多少厘米？我们要不要做防磁盾实验？”

▶把错误变成“搞笑集锦”

当孩子考试粗心时，你可以说：“这道题是被外星人修改了吗？快记进‘人类防入侵错题本’！”

12岁＋：进入“薛定谔的青春期”阶段

👤**家长角色：**树洞网友＋人生弹幕

⊙**佛系攻略：**

▶学会“钓鱼式聊天”

你想了解孩子的学校生活吗？试试对孩子说：“今天食堂有没有出现神秘料

理？比如蓝色土豆。”

▶当他/她的“吐槽弹幕机”

当孩子抱怨时，你可以说：“我懂！就像打游戏突然断网，超想砸键盘，对吧？”

▶把建议包装成“副本任务”

当孩子拖延症发作时，你可以说：“你现在是不是在挑战‘最后一分钟战神’成就？需不需要队友送补给？”

⊙ **万能话术包**

▷当孩子问“为什么”时

“哇，你发现了‘华点’！我们先来采访一下当事人（指玩具/书本）！”

▷当孩子说“我不会”时

“太好了！我们马上要解锁新技能了，点击哪里开始加载？”

▷当孩子犯错时

“恭喜你获得‘经验值大礼包’！现在可以兑换解决方案啦！”

方案亮点：

实用性强：明确的角色定位，提供具体的对话示例和互动方式，让家长可以直接借鉴使用。

趣味性强：通过游戏化的方式处理教育问题，把枯燥的教育过程变得生动有趣。

解决方案灵活：根据 0—3 岁、3—6 岁、6—12 岁和 12 岁以上不同年龄阶段的特点，提供多样化的应对技巧，家长可以根据实际情况选择合适的方式。

记住：带孩子就像玩开放世界游戏，没有标准答案，只有隐藏彩蛋！用这些“魔法指令”，让日常对话变成亲子升级打怪之旅吧！

场景三：让 AI 成为启发式教育的助手，而非答案机器。

还在觉得 AI 就是个“答题机器人”？觉得它的用途不过是“孩子问题答不出，我问 AI”？哎呀，这可就大大浪费了 AI 这位“超级家教”的才华啦！想知道如何让 AI 在家庭教育中发挥最大价值？让我们一起来听听 DeepSeek 给家长的 AI 教育应用课吧！

指令示例：除了询问具体的问题，我还能如何正确使用 DeepSeek，以帮助我解决家庭教育中的困惑？

案例展示： 略

方案亮点：

构建启发式教育： AI 不仅提供答案，更注重引导孩子独立思考和探索。

建立个性化学习： 可根据不同年龄段和学习需求定制教育方案。

培养孩子多维度思维： 通过多角度解析问题，培养孩子全面思考能力。

设计实践方案： 将 AI 知识与现实生活紧密结合，增强学习实效性。

三、假日策划师：从周末郊游到年度旅行

场景一：规划一个三口之家的出行计划

平日里，做旅游计划总是让人忙得团团转：翻攻略找景点、对比酒店价格、查询交通时刻表、打电话确认预订，甚至还要担心天气变化和临时调整。这些烦琐的准备工作往往耗费大量时间和精力，让人还没出发就已经感到疲惫。不过现在，有了 DeepSeek 这位智能助手的帮助，我们何不尝试用一种更轻松、更智能的方式来规划旅程？让我们一起探索如何借助 DeepSeek 的强大能力，轻松打造一场令人期待的完美旅行体验。

指令示例： 我、我的太太和我们上小学三年级的孩子准备进行一次三天两晚的亲子出游活动，希望这次旅游可以令孩子学习到丰富的文化知识，请帮我做好这次出行计划，细化到一天的不同时段的安排。

案例展示

方案一：北京（历史人文 + 皇家园林）

预算控制核心： 选择经济型酒店、公共交通出行、灵活搭配免费与低价景点。

独特体验设计

胡同手工艺体验： 在南锣鼓巷或什刹海附近，参与老北京非遗活动，如风筝制作、京剧脸谱绘制（人均 30—50 元，可带走作品）。

夜游什刹海： 租一艘小船夜游什刹海，感受古都夜色，听船夫讲述老北京故事（包船约 100 元 / 小时，可家庭共享）。

故宫亲子寻宝： 提前下载故宫博物院官方互动 App，通过"寻宝地图"任务，让孩子在游览中解锁历史知识（免费）。

⊙ **行程安排**

▶ 第一天

上午： 高铁抵达北京，地铁直达酒店（推荐王府井附近经济型酒店，两晚约 600 元）。

下午： 天坛公园（联票 34 元 / 人，儿童半价），参与"天坛回声壁"声学实验，让孩子体验古代建筑的智慧。

晚上： 在前门大街品尝老北京炸酱面、糖葫芦，逛非遗文化市集（餐饮预算 150 元）。

▶ 第二天

清晨： 观看天安门升旗仪式（免费），感受庄严氛围。

上午： 故宫深度游（门票 60 元 / 人，儿童免费），结合 App 任务打卡珍宝馆、御花园。

下午： 景山公园登顶（门票 2 元），俯瞰故宫全景；随后前往胡同体验风筝制作（活动费 50 元 / 家庭）。

晚上：什刹海夜游泛舟（100 元），赏后海酒吧街灯光。

▶ 第三天

上午：探索中国科技馆（主展厅 30 元 / 人，儿童免费），通过互动展项学习古代科技成就，如活字印刷、指南车原理。

下午：返程前自由活动，可选免费景点，如奥林匹克公园（鸟巢、水立方）。

⊙ **总预算**

交通：高铁往返约 800 元（视出发地调整）、市内交通 100 元。

住宿：600 元。

门票：350 元。

餐饮：450 元。

体验活动：200 元。

总计：约 2500 元（灵活调整活动可压缩至 2000 元以内）。

方案二：杭州（江南水乡 + 自然生态）

预算控制核心：利用免费景点、选择西湖周边经济民宿、体验街头小吃。

独特体验设计：

西湖汉服夜游：租借汉服（50 元 / 套），夜游西湖长桥，拍摄古风全家福。

西溪湿地渔夫体验：参与传统摇橹船捕鱼活动，学习撒网技巧（家庭包船 200 元 / 小时，含讲解）。

南宋官窑陶艺课：在杭州工艺美术博物馆，亲手制作青瓷小件（80 元 / 家庭，含烧制、邮寄）。

▶行程安排：略

省钱与体验兼顾的小贴士

错峰出行： 避开节假日，杭州西湖、北京故宫等景点门票和住宿费用可降低 20%。

联票与套票： 如北京"故宫 + 景山"联票、杭州"西溪湿地 + 电瓶船"套票，比单买节省 30%。

自带饮食： 景区内餐饮较贵，可携带面包、水果作为午餐补充，晚餐再体验当地特色。

方案亮点：

体验设计丰富： 融入互动性强的文化体验，如胡同手工艺、京剧脸谱绘制等特色活动。

亲子互动性强： 设计寓教于乐的活动，如故宫寻宝游戏、科技馆互动展项等。

时间安排合理： 行程丰富但不紧凑，每天都预留自由活动时间。

景点搭配灵活： 巧妙结合付费景点和免费景点，既保证体验质量又控制成本。

说实话，这份旅行方案真是让人眼前一亮！不仅把景点和特色体验完美搭配，还把预算规划得明明白白，让人一看就懂。特别棒的是，方案还帮我们发掘了不少免费的好去处，比如奥林匹克公园，这样就能把更多预算留给有趣的体验活动啦！

场景二：旅游出行预算控制方案

担心预算不够？让我们请教下 DeepSeek 有什么省钱妙招。毕竟在这个物价上涨的时代，聪明地规划旅行预算变得越来越重要。通过合理选择交通、住宿和景点，我们完全可以在不牺牲旅行品质的前提下，实现一次难忘的家庭之旅。让我们看看这位 AI 管家能给出什么实用的建议吧！

指令示例： 我这次出行的预算需要压缩在 1500 元以内，请给我一套压缩预算的方案，以及告知我具体的省钱攻略。

案例展示

交通费用压缩（占总预算的 30%—40%）

▶高铁 / 飞机

提前 15 天以上购票，高铁早鸟票低至 7 折（如上海—杭州原价 73 元，早鸟票 51 元）。

关注航空公司会员日（如春秋航空每月 9 日、南航每月 28 日），抢购 99 元特价机票。

▶市内交通

优先地铁 / 公交：杭州、北京等城市地铁单程 3—5 元，比打车省 80%。

共享单车 + 步行：景区（如西湖、故宫周边）租车日均 10 元 / 人。

住宿费用优化（占总预算的 20%—25%）

▶选址策略

景区外 1—2 千米民宿：价格比景区内低 30%—50%（如乌镇西栅外民宿 150 元 / 晚，景区内 400 元 / 晚）。

连住优惠：同一酒店连住两晚通常享 9 折，或赠送早餐。

▶房型选择

家庭房替代两间房：杭州经济型家庭房（1 大床 +1 小床）均价 200 元 / 晚，比订两间房省 40%。

餐饮成本控制（占总预算的 15%—20%）

▶分场景省钱

早餐：酒店含早或便利店购买（包子 + 豆浆，人均 5 元）。

午餐：自带简餐（面包、水果），或用景区免费热水泡面。

晚餐：体验当地小吃（如成都担担面 15 元 / 碗、杭州葱包烩 10 元 / 份），人均 30 元内。

▶避坑指南

景区内餐馆溢价 50% 以上，步行至周边居民区用餐（如北京故宫—西四胡同，杭州西湖—青芝坞）。

门票及体验费用管理（占总预算的 20%—25%）

表 2.2　费用管理表

项目	省钱技巧	案例效果
门票	联票比单买省 20%—30%（如北京“故宫 + 景山”联票省 15 元）；儿童免票政策（身高 1.2 米以下 / 学生证）	成都熊猫基地门票原价 55 元，亲子票（2 大 1 小）仅 110 元
体验活动	选择免费非遗表演（乌镇皮影戏、苏州评弹）；优先家庭套票（陶艺课家庭价 80 元 VS 单人 40 元 ×3=120 元）	杭州西溪湿地摇橹船家庭包船 200 元 / 小时

“隐形省钱”技巧

▶错峰时段

景点：杭州西湖游船 16:00 后票价降 30%，北京颐和园闭园前 2 小时门票半价。

住宿：周一至周四酒店价格比周五及周末低 20%。

▶积分抵扣

支付宝 / 航司里程兑换景区门票（如杭州西溪湿地门票 80 元，6000 积分抵扣 30 元）。

小贴士

总预算中留 10% 作为备用金（约 200 元），应对突发情况（如雨天改室内场馆、临时打车等）。

善用这些省钱技巧的同时，也别忘了给自己留点“享受预算”。比如在某一顿饭上稍微奢侈一下，或者给孩子买个特别喜欢的纪念品，这样的点缀会让旅行变得更有滋味哦！

💡 **方案亮点：**

具体实用： 每个建议都配有具体示例和数据支持，如高铁早鸟票 7 折、景区外住宿省 30%—50% 等。

灵活多样： 既有常规省钱方法（如错峰出行），也有创新思路（如积分抵扣、联票优惠）。

人性化设计: 建议预留 10% 的备用金，并强调在省钱的同时也要保持适度享受，平衡预算和体验。

场景三：如何检验 AI 推荐的可行性

如果你第一次尝试使用 DeepSeek 的建议，可能会担心方案是否可行。让我们一起来验证一下这些建议的可行性吧！

▶ 预算真实吗？

查查实时价格：上 12306 看火车票、美团查住宿，避免让钱包“意外受伤”。

▶ 时间够用吗？

打开地图算算路程，别到时候变成“马拉松选手”。

▶ 活动靠谱吗？

提前和景点工作人员联系确认，免得兴冲冲去了发现活动“人间蒸发”。

善用高德地图、携程等工具做准备，如果发现预算超支太多或行程太赶，就得及时调整哟！

四、心理健康顾问：让 DeepSeek 成为你的情绪管理专家

场景一：DeepSeek 帮我调节心理状态

漫长的一天工作终于结束，回到家的你却无法静下心来休息。最近工作压力大，家里琐事多，你感觉自己总是处在紧绷状态。不如让我们问问 DeepSeek 该如何缓解压力吧！

指令示例： 我是一个工作五年的人，最近总是感到工作提不起精神，回家后也感到心烦意乱，我应该怎样尽快摆脱这种状态呢？

案例展示

立刻能做的 3 件小事

▶**暂停 60 秒**

关掉手机，闭上眼睛，用鼻子深吸气 4 秒，屏息 2 秒，用嘴缓缓吐气 6 秒（重复 5 次）。这种“生理性刹车”能直接缓解焦虑的躯体反应。

▶**“感官着陆”练习**

说出你此刻看到的 5 种颜色、触摸到的 4 种质地、听到的 3 种声音、闻到的 2 种气味，最后喝一口温水，感受温度。这能快速把你拉回当下。

▶**写“焦虑外挂”清单**

把脑子里盘旋的事情全部写在纸上，在旁边标注“现在能解决”“暂时无法解决”。你会发现自己对多数焦虑源其实有掌控感。

认知调节技巧

把“我必须处理好所有事”换成“我只需要完成今天能做的部分”。

想象如果是朋友处于你的境地，你会如何安慰他 / 她？把这份温柔用在自己身上。

对“未完成事项”说：“你们很重要，但我的身心健康是处理你们的前提。”

持续改善的小习惯

每天留 15 分钟做“无用之事”。发呆，看云，哼歌，泡一杯茶，专注观察茶叶舒展的形态。

建立“压力分界线”。下班路上设计一个仪式感动作（比如摘下手表、喷喜欢的香水），暗示自己切换到休息模式。

试试“情绪速写本”。用颜色 / 线条随手涂鸦，表达当下的情绪，视觉化释放压力。

你可能会发现，焦虑背后往往藏着两个秘密。一是你在乎的事情很多，二是你的身体在提醒你需要被关照。如果这种状态持续两周以上，我们可以一起探讨更系统的减压方案。现在要不要试试先做一组肩颈放松操？跟着引导：吸气时耸肩，吐气时猛地沉肩（重复三次）——是不是感觉后颈放松了一点？

请记住：允许自己“做不到”，本身就是一种强大的能力。

方案亮点：

深度倾听：像知心朋友一样耐心倾听用户的困扰，引导他们表达真实感受。

循序渐进：从即时缓解到长期改善，设计合理的心理调节路径。

温暖关怀：用温和的语气和鼓励的话语，让用户感受到支持和理解。

个性化建议：根据用户具体情况提供定制化建议，而不是生硬的说教。

场景二：识别自己的情绪和压力来源

瞬间的压力缓解只是我们问题解决的第一步，关键是一起找出那些让你不开心的小烦恼，然后慢慢化解它们。把 DeepSeek 当成一个懂得心理学的朋友，看看它是否可以帮我们找到解决问题的办法！

指令示例：我并不知道自己的压力来源，我如何才能彻底摆脱这些无名的压力，回归到开心或者平和的状态呢？

案例展示

平衡版压力自查指南

▶情绪快照（30 秒版）

停下手头事情，快速自问：

身体信号： 哪里最紧绷？（肩 / 胃 / 头）

情绪温度： 如果用“冷热程度”形容现在状态，是滚烫的烦躁，还是冰冷的无力？

关键词捕捉： 脑海里重复播放哪句话？（比如“完了，来不及了”）

▶压力源扫描（工作场景版）

时间型压力： 是否总在赶 Deadline？试试把任务拆成“今天必须”“这周完成”“下月再说”三种情况。

人际型压力： 记录最近 3 次心累时刻。是沟通方式冲突，还是价值观差异？

能力型压力： 区分“技能不足”和“过度要求”。这个任务超出你当前能力范围，还是上司的预期不合理？

▶认知调节卡（可存手机备忘录）

表 2.3　认知调节对比表

当你想……	试试转念
“我必须做到完美”	“完成比完美重要，60 分也是进步”
“别人都比我强”	“比较是偷走幸福的小偷”
“根本停不下来”	“机器都需要冷却，何况是人”

▶可持续减压习惯

通勤过渡仪式： 在下班路上听特定音乐（如流水声），暗示切换生活模式。

桌面微环境： 放个“压力发泄球”，捏它时自问：“我在为什么焦虑？”

周五复盘： 写“本周卸货清单”——把困扰写在纸上，锁进抽屉代表暂时封存。

危险信号自查

如果出现以下情况，建议寻求专业帮助：

- 持续两周以上失眠。

- 对曾经喜欢的事物完全失去兴趣。
- 出现心悸、手抖等无法解释的躯体症状。

方案亮点：

简单易行：把复杂的情绪管理变成具体可操作的小步骤，就像拆解一道数学题。

循序渐进：从即时纾解（30 秒快速调节）到长期改善（养成健康习惯），每一步都稳定、可控。

及时提醒：设置了清晰的预警指标，在问题变严重前及时察觉，就像生病前的小感冒信号。

场景三：定制个性化情绪管理方案

管理情绪和管理身体健康同样重要，压力来袭的时候，我们可以借助 DeepSeek 这样的智能工具作为贴心的“数字心理助手”。通过持续的对话和互动，DeepSeek 能够逐步了解我们的压力来源和应对习惯，为我们量身定制个性化的解压方案。

指令示例：请根据我们对话的内容，为我定制一个适合我的情绪管理方案，并且给我推荐合适的放松方法。

案例展示：略

方案亮点：

个性化分析：通过深入对话了解用户独特的压力模式和应对习惯。

智能追踪：持续记录和分析用户的情绪变化，不断优化解压方案。

及时响应：能够在用户需要时立即提供针对性的建议和支持。

场景四：养成好习惯，管理好情绪

当我们将情绪管理变成一种习惯性行为时，不仅能够更好地应对压力和焦虑，还能在潜移默化中提升生活质量。这就像是给我们的心灵装上了一个“减震器”，让我们在面对生活起伏时更加从容。通过建立健康的情绪管理习惯，我们能够培养出更强的心理韧性，创造更和谐的生活状态。DeepSeek 会为我们提供一些帮助我们将情绪管理无缝衔接的“微习惯”。

指令示例： 请帮我设计一套在日常生活中的小习惯，让我在习惯养成的过程中，将情绪管理变成生活的一部分。

案例展示： 略

方案亮点：

微习惯切入： 将情绪管理融入日常生活中，降低执行门槛。

操作简单： 每个习惯都控制在 2—3 分钟，易于坚持。

趣味性强： 通过游戏化设计增加情绪管理的趣味性和持续性。

第三篇

职场加速篇

办公室里的秘密武器

——聚焦职场痛点，提升专业形象和工作效率

在当今快速发展的职场环境中，高效的文字沟通能力已成为职场人的必备技能。从日常的工作邮件到重要的商务提案，从会议纪要到项目报告，每一次书面交流都在考验着我们的专业素养。特别是在远程办公成为常态的今天，优秀的写作能力更是职场竞争力的关键指标。

在这个背景下，AI 写作助手 DeepSeek 不仅仅是一个高效的写作工具，更是我们提升职场技能的智能导师。无论是撰写一封措辞考究的催款函，还是整理一份逻辑清晰的会议纪要，或是准备一份令人信服的项目提案，DeepSeek 都能提供专业的写作建议和实用的表达技巧。通过与 DeepSeek 的互动学习，我们能够系统性地提升商务写作能力，掌握职场沟通的精髓。

一、“写作高手”附体：电子邮件从此不再“干巴巴”

在处理催款邮件时，我们经常难以把握恰当的分寸，既要明确表达催款意图，又要顾及后续合作关系。DeepSeek 帮忙撰写的这封催款邮件展示了如何在维持专业态度的同时，巧妙运用语言技巧来实现商业目标。通过分析其结构和用语，我们能够学习到写作高手常用的沟通策略。

指令示例：我们的合作伙伴 ××× 科技有限公司在“2025 年度产品发布会宣传视频”项目执行完毕后，未按照合约及时支付尾款 38040 元，按照合约已逾期 10 天，请帮我写一篇催款函，要求他们在 4 月 15 日前完成支付，我方财务对接人为张敏，电话和邮箱分别是 ×××× 和 ××××。请把这封催款邮件改得既坚决又不失礼貌。

案例展示

主题：关于“2025 年度产品发布会宣传视频”项目尾款支付的跟进提醒

致 xxx 科技有限公司商务部负责人：

您好！

首先衷心感谢贵司选择我司承担“2025 年度产品发布会宣传视频”的创意策划与制作工作。我们欣喜地看到，该项目视频已于 2025 年 9 月 30 日在微信视频号、抖音、B 站正式上线，并收获了 50 万播放量、1.2 万次互动的用户反馈，这充分彰显了双方团队的协作价值。

根据合同 HT-2025-089 约定，项目总费用 126，800 元应于成片交付后 15 个工作日完成支付。经核查，目前尚有尾款 38，040 元（30%）未到账，现已逾期 10 天。

为保障双方高效协作，烦请贵司于 2025 年 4 月 15 日前（即本邮件发出后 30 日内）完成汇款操作。若付款流程已启动，请回复邮件提供付款凭证，我们将即刻核对并开具完税证明。若因特殊情况需调整付款安排，请务必在 3 个工作日内与我司财务对接人张敏联系（电话：xxxx 邮箱：xxxx），以便协商解决方案。

付款信息

· 收款账户：xx 数字制作有限公司

· 开户银行：xxxxxx 银行 xxxxxx 支行

· 银行账号：xxxxxxxxxx

· 备注：汇款时请注明"'2025 产品发布会视频'尾款 + 合同 HT-2025-089"

如逾期未收到款项或未达成书面延期协议，我司将依据合同 HT-2025-089 第 7.2 条约定，委托法务部门启动正式催收程序，并保留暂缓贵司后续项目优先排期权的权利。此声明仅为履行契约义务，我们仍希望以友好协商方式维护双方合作关系。

感谢您的配合！期待贵司在数字内容领域持续创新，如有新项目需求我们仍愿鼎力支持。

此致

敬礼

xx 数字制作有限公司

2025 年 3 月 15 日

附件：

1.HT-2025-089 合同付款条款页（高亮标注）

2. 未结清发票（编号：INV-202510-089）

3. 视频交付确认单（签署日期：2025 年 1 月 25 日）

💡 方案亮点：

结构清晰，层次分明： 从项目回顾到具体诉求，再到解决方案，逻辑环环相扣。

数据说话，客观专业： 精准引用合同编号、金额、日期等关键信息，建立权威性。

语气得当，情理兼具： 在坚持立场的同时保持礼貌，展现职业素养。

细节完备，便于执行： 提供完整的付款信息和明确的时间节点，减少沟通成本。

有理有据，进退自如： 在友好协商与法务追款之间做出恰当的平衡。

在商务写作中，如何兼顾专业性与亲和力？关键在于把握恰当的表达方式——既要像与客户喝咖啡闲谈般自然流畅，又要确保信息传达清晰准确。

从文案构思到措辞优化，从语气把控到格式规范，DeepSeek 能帮助我们快速完成高质量的商务表达。而我们在职场中的学习不仅是使用工具那么简单，通过和 DeepSeek 的互动，我们可以培养自己的写作思维，提升商务沟通技巧。我们将系统性地提升商业信函写作能力，建立从基础逻辑到实战技巧的完整训练体系。

技能提升：跟随 DeepSeek 三步提升商业信函写作能力

第一步：明确目标——精准定位写作核心诉求

核心原则：

所有商业信函的本质都是“用文字推动行动”，需先厘清核心目标与利益平衡点。

训练方法：

▶目标三问法

这封信要对方做什么？（付款 / 确认合同 / 修改方案）

对方为什么可能抵触？（资金压力 / 流程烦琐 / 信息不对称）

如何将己方需求包装为对方利益？（如“及时付款可维护贵司信用评级”）

第二步：构建逻辑——结构化表达增强说服力

核心原则：

用金字塔原理搭建“结论先行，层层支撑”的框架，避免信息碎片化。

标准化模板：

▶标题：行动导向（如《关于……的紧急协调函》）

▶首段：情感链接（认可 / 感谢 / 共同目标）

▶中段

事实层：数据 + 条款（时间、金额、合同依据）

后果层：柔性施压（合作影响 / 额外成本）

方案层：给出选项（全额支付 / 分期 / 协商会议）

▶尾段：明确期限 + 未来展望

高级技巧：SCQA 模型（情境—冲突—问题—答案）。

S（情境）：双方合作完成《XX 项目》并已上线。

C（冲突）：尾款逾期影响我方服务可持续性。

Q（问题）：如何保障贵司后续项目优先权?

A（答案）：请于 4 月 15 日前付款或签署延期协议。

语言对比：

❌ 非结构化表达

“我们做了视频，效果很好但你们没付款，请尽快处理。”

✅ 结构化表达

▶首段

感谢选择我司制作“XX 视频”，该视频已获 50 万播放量（情感 + 价值证明）。

▶中段

事实：合同 HT-2025-089 约定尾款 38,040 元应于 4 月 15 日前支付（数据）。

后果：逾期将触发法务流程，影响贵司项目排期优先级（柔性施压）。

方案：4 月 15 日前付款或联系张敏协商（选项）。

▶尾段

期待继续为贵司数字化传播助力（未来导向）。

第三步：打磨语言——平衡专业度与人性化

核心原则：

用“理性框架 + 感性温度”构建可信且可读的文本。

微调技巧：

▶术语与白话的平衡

专业体现：使用“不可抗力条款”“完税证明”等必要术语。

亲和力转化：

❌“根据合同第 7.2 条，我方享有追索权”。

✅“为保障双方权益，我们可能需要启动合同第 7.2 条约定流程”。

▶情绪管理公式：软化剂 + 事实陈述 + 共同利益

“我们理解贵司季度结算的工作压力（软化剂），但尾款已逾期 10 天（事实），及时结清将有助于释放贵司新项目的资源配额（共同利益）。”

▶视觉优化技巧

数据突出：金额、日期加粗 / 变色。

信息分层：用符号分项替代长段落。

附件标注：列明“附件 1：合同第 5 页扫描件（高亮条款）”。

▶**语气优化**

表 3.1　语气对比表

场景	生硬表述	优化表述
催促期限	“必须在下周五前回复”	“若能在 11 月 24 日前确认，将确保流程无缝衔接”
表达不满	“贵司多次违反协议”	“我们注意到协议执行中出现三次偏差”

实战升级：3 项针对性训练

▶范文拆解练习

选择 5 封行业标杆企业的信函（如 IBM 催款函、麦肯锡建议书）。

用颜色标注：红色（情感表达）、蓝色（逻辑结构）、绿色（行动引导）。

▶场景模拟写作

设定极端场景（如客户破产时如何催款）。

撰写两个版本：纯理性版和情感加强版，对比效果差异。

▶复盘优化

表 3.2　复盘优化表

评估维度	自查问题
目标清晰度	收件人能否 3 秒内理解核心诉求？
行动便利性	是否提供付款账号 / 联系人等完整信息？
风险控制	是否避免可能引发法律争议的表述？

通过这三步系统训练，我们的商业信函写作能力可从“合格”迈向“卓越”，实现从信息传递到价值说服的质变。关键在持续迭代：每写完一封信，问自己“如果删掉 30% 的文字，核心诉求是否更突出？”——简洁永远比冗长更有力量。

二、会议达人养成：提案、记录、跟进“一条龙”

一份清晰、准确的会议纪要不仅是重要决策的书面记录，更是后续工作开展的重要依据。然而，在信息密集的会议中，如何准确捕捉关键信息，如何将冗长的讨论转化为清晰的行动要点，往往令人头疼。特别是在涉及多方利益的会议中，如何在纪要中平衡各方诉求，确保表述既准确又得体，更是考验着每一位职场人的专业素养。

指令示例： 请将我上传的这份 2025 年第一季度营销策略会议发言内容整理成一份详细的会议纪要，将其中的数据、冲突和后续的行动计划重点标示出来，便于大家的关注和执行。

案例展示

xxx 科技公司 2025 年第一季度营销策略会议纪要

会议时间：2025 年 2 月 15 日 10:00—12:30

会议地点：总部大楼 3 层智能会议室（线上接入：腾讯会议号 778899）

主持人：陈立（CEO）

记录人：周晓雯（行政部）

参会情况：应到 12 人，实到 11 人（渠道部李明因航班延误请假）

现场参会：陈立、王海（市场总监）、张薇（产品总监）、赵阳（销售总监）、刘璐（客户运营部）

线上接入：周婷（数据分析部）、吴峰（技术部）、徐琳（财务部）、方浩（公关部）

会议目标

①制定 2025 年 Q1 核心产品（AI 智能眼镜 X3）上市营销策略

②协调供应链与渠道铺货节奏

③确定预算分配及 ROI 考核标准

讨论要点与发言摘要

市场环境分析（汇报人：王海）

▶行业数据

“2024 年智能穿戴设备市场同比增长 28%（引用 IDC 报告）”。

“竞品 V 牌 Q4 促销导致市占率提升 5%，主要抢夺中高端用户”。

▶用户调研

“目标用户画像：25—40 岁科技爱好者，72% 愿为 AI 交互功能支付溢价”。

“X3 核心卖点关注度排序：①实时翻译（41%）② AR 导航（33%）③健康监测（26%）”。

▶争议焦点

赵阳提出：“竞品线下体验店覆盖率是我们的 3 倍，需加强实体触点”。

张薇反驳：“线上渠道占比已达 67%，应优先优化电商沉浸式展示”。

营销策略（汇报人：张薇）

核心策略：主打“AI 重构视界”概念，分三阶段投放。

预热期（2.20—3.5）：KOL 开箱测评（预算占比 30%）。

爆发期（3.6—3.20）：全网比价保障 + 限时赠云服务（预算 50%）。

长尾期（3.21—4.30）：老用户以旧换新补贴（预算 20%）。”

▶数据支撑

“根据历史数据，赠品策略可使转化率提升 22%（附件 1–A/B 测试报告）”。

“技术部承诺：3.1 前完成与微信小程序的 AR 功能对接（吴峰确认）”。

风险预警（汇报人：徐琳）

“财务模型显示：若首月销量 < 5 万台，毛利率将跌破安全线（附件 2– 损益测算表）”。

“建议：设置动态调价机制，当库存周转天数 > 45 天时启动渠道返点”。

关键决策

▶渠道策略

线上：京东 / 天猫旗舰店同步首发，抖音渠道独家赠品权益（3 选 1 配件）。

线下：北上广深旗舰店设 AI 体验专区（3.10 前完成布展）。

▶预算分配

总预算 1800 万元，按“线上 65%+ 线下 25%+ 应急预留 10%”执行。

▶考核标准

首月 ROI ≥ 1:2.5，用户 NPS 评分≥ 8.5 分。

表 3.3　行动项追踪表

任务内容	负责人	协同部门	交付物	截止时间
KOL 名单终审	方浩	市场部	签约清单 + 排期表	2025.2.18
生产备货确认	张薇	供应链	产能日报系统接入	2025.2.20
客服话术培训	刘璐	技术部	话术手册 V2.0	2025.2.25

后续计划

▶下次会议

2025 年 2 月 20 日 14:00（重点议题：预热期素材终审 + 压力测试报告）。

▶数据看板

每日 10:00 同步前日预售数据至高管群（数据分析部负责）。

会议附件

智能眼镜 X3 市场竞品分析报告、2025Q1 营销预算分解表、AI 功能技术白皮书（对外传播版）。

备注：

所有决策需在 2.17 12:00 前邮件确认，逾期默认通过。

风险预案需单独签署纸质版承诺书（财务部督办）。

💡方案亮点：

数据颗粒度：引用第三方报告、内部测试数据、财务模型等多维度量化支撑。

争议记录：保留关键分歧点，体现决策严谨性。

协同标注：行动项明确主责与协同部门，避免责任真空。

风控绑定：将财务指标与业务动作直接挂钩，强化风险意识。

通过在会议全程植入智能助手，我们能让每次会议都充满活力，提升效率。最棒的是，当 AI 承担了这些“体力活”，我们的大脑就能专注于真正需要智慧的决策和创意。这样的会议不仅省时省力，更能确保每次都能交出一份漂亮的成果单。

技能提升：会议全流程的 DeepSeek 辅助方案

会前准备：像导航一样规划会议

▶自动生成会议指南

输入会议主题（如“新产品推广讨论”），系统自动生成：

- 带时间分配的议程表。
- 需要提前阅读的 3 份关键资料。
- 预测可能存在意见冲突的问题（比如预算分配）。

▶智能装弹

自动打包会议需要的“弹药包”：

- 最新销售数据表格。

✅ 行业趋势对比图。

✅ 标红同事提交方案中的矛盾点（例：市场部和财务部的预算差 20 万）。

会中支持：多了一个 AI 小秘书

►随时查资料

就像开会时有个资料库：

提到“去年双十一数据”，大屏秒现对比图表。

讨论“要不要降价”，立刻模拟三种价格对利润的影响。

会后收尾：再也不怕忘事

► 3 分钟出会议记录

自动生成带重点标记的纪要：

✅ 红框框出 5 个重要决定。

✅ 整理出 8 件待办事项（责任人 + 截止时间）。

✅ 自动附上会议提到的 3 份文件。

►任务自动追踪

待办事项自动变成：

✅ 微信群里的 @ 提醒。

✅ 钉钉 / 飞书上的日历事项。

✅ 提前两天发短信催办。

表 3.4　效果对比表（传统会议 VS DeepSeek 参与的会议）

事项	传统做法	智能辅助
准备议程	手动写 1 小时	自动生成 5 分钟
查找资料	翻找多个文件	一键打包发送
会议记录	会后整理半天	散会立即生成
任务跟踪	人工反复催办	系统自动提醒

DeepSeek 不仅能够将传统耗时的会议流程转变为高效的工作推进器，还能从根本上改变团队协作的方式。无论是在新产品发布会的策划阶段需要统筹多方意见，还是在解决跨部门矛盾时需要平衡各方诉求，它都能帮助团队大幅降低沟通成本，避免常见的决策陷阱，让每一次会议都能达到预期的效果。通过智能化的会议支持，

团队不仅能节省大量时间和精力，更能确保重要决策的准确性和执行力度。

三、数据解读专家：让 Excel 表格会“说话”

数据分析的门槛往往在于如何将复杂的数据转化为清晰的可视化文件。传统数据分析需要专业的分析师团队，不仅要掌握各类统计工具，还要具备业务洞察力。而现在，DeepSeek 能够让每个人成为数据分析高手。它不仅能快速生成专业的数据可视化图表，更能像经验丰富的分析师一样，从多个维度解读数据背后的商业含义，提供切实可行的决策建议。

指令示例：请分析我上传的这份附件，并且帮我分析其中的销售数据，告知我这份销售数据背后有什么值得关注的趋势，并提供精准的销售预测和营销建议。

案例展示

模拟第一季度销售数据（2025 年 Q1）

表 3.5　总体销售数据表

指标	数值
总销售额	2.8 亿元
订单总数	35 万单

续 表

指标	数值
平均客单价	800 元
用户转化率	3.8%
库存周转率	4.2 次 / 季度

表 3.6 品类销售表现表

品类	销售额占比	库存周转率	退货率
家用电器	32%	3.8 次	5.2%
日化用品	28%	4.5 次	3.1%
汽车配件	18%	4.0 次	6.8%
食品饮料	15%	5.0 次	2.5%
其他	7%	3.5 次	7.0%

▶用户行为数据

渠道分布：移动端（65%）、PC 端（25%）、微信小程序（10%）。

用户分层：新用户占比 40%，复购用户占比 35%，会员用户（高客单价）占比 25%。

促销活动参与率：限时折扣（45%）、满减（30%）、赠品（15%）、积分兑换（10%）。

表 3.7 促销活动效果表

活动类型	销售额贡献	转化率提升
限时折扣	38%	+2.1%
满减活动	25%	+1.8%
团购	20%	+1.5%
积分兑换	17%	+0.9%

数据趋势分析

▶库存管理效率分化

高周转品类：食品饮料（周转率 5.0 次）和日化用品（4.5 次）表现优异，得益于 S2B2C 平台的实时库存监控和需求预测功能。

低效品类：家用电器和汽车配件库存周转率低于平均值（3.8 次、4.0 次），可能与供应链协同不足或促销策略偏差有关。

▶用户分层与复购价值

会员用户贡献突出：仅占 25% 的会员用户贡献了 40% 的销售额，客单价达 1200 元，显示高价值用户需重点维护。

新用户留存待优化：新用户占比为 40%，但复购率不足 50%，需通过精准营销提升黏性。

▶促销活动效果差异

限时折扣主导销售：贡献 38% 的销售额，但转化率仅提升 2.1%，可能存在价格敏感用户“薅羊毛”现象，需结合满减或赠品提升连带率。

积分兑换潜力未释放：参与率低（10%），但用户活跃度较高（复购用户占比为 60%），建议优化积分规则以增强黏性。

▶渠道与用户体验

移动端优势显著：占比为 65%，但微信小程序仅为 10%，需加强社交裂变功能（如拼团、分享返利）。

退货率分化：汽车配件退货率为 6.8%，可能因规格匹配问题，需优化商品详情页的智能推荐功能。

销售预测与精准营销建议

▶销售预测（2025 年 Q2）

总销售额增长。预计环比增长 15%—20%（3.2 亿—3.36 亿元），主要驱动力为，①季节性需求：日化用品（夏季需求上升）、食品饮料（节日促销）；②库存优化：通过 AI 预测模型调整备货策略，预计库存周转率提升至 4.5 次。

表 3.8　精准营销策略表

策略方向	具体措施
动态库存管理	应用 AI 大模型预测需求，针对低周转品类（家电）制定差异化促销计划
个性化推荐	基于用户历史行为数据，推送“汽车配件 + 保养套餐”组合，提升客单价

续　表

策略方向	具体措施
促销活动优化	将限时折扣与满减绑定（如“满2000减300”），减少低价订单占比
渠道协同	在微信小程序嵌入“社交拼团”功能，利用会员用户带动新用户转化
数据驱动决策	通过BI工具分析退货原因（如汽车配件规格问题），优化商品详情页的3D展示功能。

实施工具与技术支持

▶ AI需求预测

采用数商云S2B2C平台的AI大模型，提升预测准确率至85%以上。

▶智能推荐引擎

结合用户画像与实时行为数据，实现“千人千面”的个性化推荐。

▶促销自动化

通过系统预设促销规则（如库存阈值触发自动清仓），减少人工干预。

方案亮点：

全流程数字化：从需求预测到库存管理，再到促销规则，实现业务流程自动化监控。

精准营销升级：借助AI大模型，实现85%以上的预测准确率，显著提升运营效率。

智能化推荐：通过“千人千面”的个性化推荐，提升用户转化率和购物体验。

灵活的促销策略：系统自动根据库存阈值触发清仓等促销活动，减少人工决策成本。

通过将AI的精准分析能力与人类的经验判断相结合，我们既能获得有数据支持的科学决策，又能保持业务执行的灵活应变。这种AI辅助人工决策的“双轮驱动”模式，为企业数字化转型提供了可靠的实施路径。

技能提升：如何将 DeepSeek 分析转化为决策依据

用“经营书店”的案例，平衡解读 DeepSeek 决策法

背景：假设你经营一家社区书店，希望利用 DeepSeek 分析销售数据优化选书和促销策略。

步骤 1：定位核心问题，像医生“问诊”

传统做法

凭直觉认为“经典文学滞销，应减少进货”。

DeepSeek 辅助

▶输入数据

上传近半年销售记录、会员借阅频率、线上书评关键词。

▶诊断问题

DeepSeek 通过关联分析发现“经典文学在周末销量增长 40%，但平日无人问津”，核心问题是陈列时机不对而非选书问题。

决策转化

✔调整陈列：周末设置“经典角”并搭配咖啡优惠，平日改为展示教辅书（参考 DeepSeek 的时空分布算法）。

✖避免误判：不盲目削减经典文学库存。

步骤 2：量化优先级，像导航“排序路标”

传统做法

同时处理“提升童书销量”“增加文创收入”“扩展线上渠道”，资源分散。

DeepSeek 辅助

▶分析关联性

DeepSeek 的购买链路模型显示“购买童书的家长 70% 会顺手买文具”，但“线上推广成本回报率低于线下活动”。

▶输出优先级（基于 DeepSeek ROI 计算引擎）

高优先级：联合学校举办“亲子阅读日”，捆绑销售童书 + 文具。

中优先级：设计书店专属文创（如书签盲盒）。

低优先级：暂缓投入线上广告。

决策转化：集中预算和人力落地高优先级活动。

步骤 3：模拟决策结果，像游戏“存档试玩”

传统做法

担心“促销折扣会拉低利润”，犹豫不决。

DeepSeek 辅助

►输入假设

将“会员日全场 8 折”“满 100 赠 20 券”“限时秒杀”三种方案导入 DeepSeek 决策沙盒。

►模拟推演

方案 1：DeepSeek 预测短期销售额提升 25%，但新客复购率仅提升 5%。

方案 2：老客复购率提升 15%，可联动库存滞销书清仓（通过 DeepSeek 滞销品识别模型）。

►风险提示

DeepSeek 预警“秒杀可能导致服务器崩溃”（若线上同步）。

决策转化：选择方案 2，并提前联系 IT 部门检查系统。

步骤 4：制定行动清单，像拆解“食谱步骤”

传统困惑

知道目标客群，但不知如何触达。

DeepSeek 辅助

DeepSeek 输入：通过用户画像分析发现“科幻小说读者中，25—35 岁群体占比 60%，且偏好签售活动”。输出行动清单（基于地理位置 + 兴趣标签双维度分析）。

►精准宣传

在周边写字楼电梯投放刘慈欣《三体》金句海报，标注“本周科幻主题夜”。

▶活动设计

举办“科幻作者连线沙龙”，参与送周边徽章（成本<5元/个，参考DeepSeek成本收益模型）。

▶库存准备

用DeepSeek销量预测功能备货《沙丘》《银河帝国》系列，预估销量增长30%。

执行关键：将会员手机号导入DeepSeek智能推送模块，定向推送活动信息。

步骤5：闭环验证，像健身“打卡复盘”

传统误区

活动结束即止，未评估效果。

DeepSeek辅助

▶数据对比

目标：科幻周销售额提升20%。

实际：达成提升35%，但新客占比仅为10%（预期30%）。

▶归因分析

DeepSeek溯源发现“活动宣传集中在老客群，小红书投放未执行”。

▶迭代建议

下次预留预算给KOL合作，并设置新客专属优惠券（通过DeepSeek裂变系数模型优化）。

决策转化：将复盘结论存档为“科幻活动2.0版Checklist”。

平衡之道：DeepSeek与人工的“共舞原则”

▶让DeepSeek做“超级算盘”，你当“掌柜”

✔ 信任DeepSeek的数据处理能力（如实时计算2000条评论的情感值），但质疑其盲点（如未收录天气对到店率的影响）。

▶用业务逻辑“翻译”数据结论

✖ DeepSeek提示“童书客单价低”：直接降价。

✔ 你的解读：家长更关注内容质量，用DeepSeek的“书评关键词提取”功能生成“专家推荐书单”，搭配免费伴读课提升附加值。

▶保持灵活：数据是地图，但你可以绕路

若 DeepSeek 建议“减少哲学书进货”，但你发现附近的大学新增了哲学系，可暂缓执行，并通过 DeepSeek 新增数据监控功能观察变化。

总结：将 DeepSeek 分析转化为决策，不是让机器替人思考，而是人机协同的理性实践。

四、“头脑风暴”伙伴：创意灵感永不枯竭

创意工作历来被视为人类独有的领域，但 DeepSeek 作为 AI 助手，可以为人类激发创意的过程提供新的帮助。它不是简单地替代人的创意思维，而是通过海量的数据分析、跨领域联想和快速原型验证，为人类创新提供更丰富的灵感源泉和更科学的决策支持。在下面的案例中，我们将看到 DeepSeek 如何作为创意助手，帮助团队突破思维定式，生成独特而有效的营销方案。

指令示例：我们的产品是一款针对 30 岁女性的时尚女性内衣，我需要一个情人节营销方案，以实现提升知名度和销量的目标。

案例展示

DeepSeek 设计了一个以“双向浪漫，自在生长”为主题的情人节营销方案，兼顾悦己与爱人双重维度，通过沉浸式体验传递品牌温度。

概念创意：“共生玫瑰计划”

以“玫瑰根系缠绕共生”为视觉符号，打造双线叙事。

根系篇：线上发起 # 我的不完美根系 # 话题，邀请用户分享 30 岁女性的真实生活状态（如职场压力、生育痕迹、身材焦虑等），用 3D 扫描技术将故事纹路转化为艺术玫瑰根茎投影。

绽放篇：推出情人节限定“共生玫瑰内衣”，采用可拆卸双色蕾丝设计（外层采用莫兰迪灰，象征坚韧根系；内层采用裸粉色，代表柔软自我），每售出 1 件即赠送女性成长课程。

OMO 沉浸体验

► AR 试衣魔镜

在重点门店设置互动装置，扫描内衣吊牌即可观看设计师讲述“支撑结构背后的女性工程学”，同步生成个人专属玫瑰生长报告（包含体态建议和压力指数等）。

►气味盲盒快闪店

与独立调香师联名开发 7 种情绪香氛（如“通勤地铁的白茶香”“婴儿夜奶的温乳香”），购买内衣可抽取“记忆气味胶囊”，扫描二维码解锁陌生人的故事。

用户共创生态

►发起“30x30 影像计划”

招募 30 位素人拍摄动态身体纪录片，重点呈现内衣支撑下的真实生活场景（哺乳期妈妈深夜工作、健身女孩突破硬拉重量）。

►开发“玫瑰银行”小程序

用户上传每日微小成就（如第一次拒绝加班、完成体检），积累点数兑换内衣改造服务（如旧衣升级刺绣服务）。

传播节奏设计

▶预热期（1.15–1.25）

释放实验室纪录片《被看见的钢圈》，揭秘内衣研发过程中收集的 3000 份女性体态数据。

▶发酵期（1.26–2.10）

KOL 发起“职场战袍改造挑战”，演示如何用内衣叠穿化解职业装束缚感。

▶爆发期（2.11–2.14）

在女性书店举办深夜私享会，提供内衣刻字烫印服务。

创意要点

▶生理需求升华

将钢圈、肩带等功能性设计转化为“女性成长支撑系统”的隐喻。

▶破除场景局限

通过气味胶囊、体态报告等衍生内容，延伸产品在职场、母职等场景的情感价值。

▶长效价值留存

玫瑰银行和改造服务形成可持续的用户互动机制，沉淀品牌社群资产。

执行注意

建立严格的 UGC 内容审核机制，设置多元身材模特矩阵。

与女性健康机构合作背书，增强专业可信度。

开发隐私保护模式，试衣报告仅通过加密链接分享。

这个方案将产品转化为女性成长旅程的见证者，用工程美学解构传统情人节营销的甜腻感，既满足 30+ 女性深层情感需求，又为品牌积累了长效文化资产。

方案亮点

洞察精准： 准确把握 30+ 女性群体对自我认同与成长的诉求，将内衣产品升级为女性赋能的载体。

体验闭环： 线上、线下打通，从 AR 试衣到气味盲盒，构建多维度沉浸体验，提升用户参与感。

情感共鸣： 通过“共生玫瑰”概念，巧妙平衡自我关照与情感表达，避免传统情人节营销的单一维度。

社群价值： 设计“玫瑰银行”等长效运营机制，让一次性营销活动转化为持续性社群资产。

这个情人节营销方案完美展现了如何将 AI 的创意能力与实际营销需求相结合。“共生玫瑰”的概念设计，不仅抓住了 30+ 女性群体的情感痛点，更通过 OMO 体验、用户共创等多维度设计，将简单的产品营销转化为一场深度的品牌文化运动。方案既保持了创意的新鲜感，又在预算控制、隐私保护等执行细节上充分考虑了现实可行性。这种 AI 辅助下的创意开发模式，为品牌营销带来了全新的可能性。

如何让 DeepSeek 成为你的创意搭档？通过精心设计的对话方式和引导技巧，我们可以充分发挥 AI 的创意潜能。在头脑风暴阶段，它能帮助我们打开思维边界，激发天马行空的想象；在方案落地阶段，它又能充当理性顾问，帮我们将创意构想转化为可执行的具体计划。

技能提升：创意发散与聚焦的 DeepSeek 对话技巧

打开脑洞阶段：跳出常规想点子

提问窍门：

“如果我们要重新理解 XX（事物），用 XX（具体方法）想出 XX（数量）个新鲜点子，必须包含 XX（特定元素）”。

举例：

你问：

“从植物互相依存的角度思考‘情人节内衣’，用‘替换、组合、改造’3 种方法给出 5 个跨界创意，要包含植物比喻和女性力量元素”。

AI 可能回答：

►把内衣钢圈想象成大树的支撑根，设计能随体温自动调节松紧的“会呼吸的内衣”。

►在商品标签里放置可种植的玫瑰花种子，买两件商品的顾客能种出配对开花的姊妹花。

►模仿仙人掌的存水特性，在哺乳内衣里加吸湿材料以缓解胀奶不适。

收拢点子阶段：让创意能落地

提问窍门：

“针对上面第 X 个点子，用 XX（实用工具）找出 XX（数量）个改进办法，必须满足 XX（现实条件）”。

举例：

你问：

“关于种玫瑰花的点子，用成本分析法找出 3 个省钱的办法，但须保留情感互动功能”。

AI 可能回答：

►和咖啡店合作，用咖啡渣做种植土，既环保又便宜。

►用手机 AR 扫码看花朵成长，不用复杂的电子设备。

►让顾客自己上传照片生成虚拟花园，减少人工维护。

解决痛点秘诀：把问题变亮点

提问窍门：

“找找目标用户在 XX（场景）最烦的 XX（数量）件小事，用意想不到的方法将其变成产品特色”。

举例：

你问：

“找出 30 岁上班族关于内衣的 3 个隐藏烦恼，将其变成情人节卖点”。

AI 可能回答：

烦恼：人多挤得肩带总是滑动。

妙招：做会散发安神香味的智能肩带，越拥挤香味越浓。

烦恼：开会久坐，留下勒痕。

妙招：把勒痕照片变成定制玫瑰图案，印在特别版礼盒上。

高效聊天心法

▸控制细节量：

想点子时要求“10 秒内给出 7 个动物灵感”。

做方案时明确“目标人群、使用场景、预算限制”。

▸反向思考：

加限制条件（如“不准用任何粉红色”）。

故意唱反调（如“必须加入老式收音机元素”）。

▸比喻法：

用熟悉事物解释（如“用都市白领的日常故事来讲产品”）。

这样对话就像是在和创意助手玩游戏：先天马行空想各种可能，再用现实条件筛选优化。比如原方案中的“气味盲盒”，可以继续追问：“如何让气味故事更打动人？”AI 可能会建议：“每个气味对应真实用户投稿的语音日记。”如此一来，

五、法务顾问：让合同和规章制度不再头痛

法律文件总是让人望而生畏，厚厚的合同像迷宫一样让人头晕眼花，条款之间还可能藏着各种“坑”。但别担心，现在我们有了 AI 助手 DeepSeek。它就像一位经验丰富的法律顾问，能帮我们快速厘清文件重点，并及时提醒那些容易被忽略的风险点。

指令示例：我要在公司附近租一套公寓，附件是中介公司提供给我的合同模板，请帮我审查这份租房合同有什么需要注意的风险点。

案例展示

DeepSeek 租房合同审查报告

合同名称：《XX 市房屋租赁合同》

审查日期：2023 年 X 月 X 日

合同主体风险

▶出租方资质缺失

风险点：合同未要求出租方提供房产证或购房合同复印件，无法证明房屋合法处分权。

法律依据：《中华人民共和国民法典》第 703 条（租赁合同有效性前提）。

建议：补充条款“出租方应提供产权证明文件，否则承租方有权解除合同并要求赔偿”。

表 3.9 核心条款风险清单

条款编号	风险内容	法律分析	修改建议
第 3 条	押金条款“押二付三”	超过《中华人民共和国民法典》第 703 条建议的 2 个月租金上限，存在不退风险	改为“押一付一”，明确退还条件及逾期违约金
第 7 条	房屋维修费用均由承租方承担	违反《中华人民共和国民法典》第 712 条（出租方维修义务）	补充“因自然损耗导致的维修费由出租方负责”
第 12 条	单方解约违约金为 6 个月租金	显失公平，法院可能调整（《中华人民共和国民法典》第 585 条）	建议降至 1~2 个月租金

隐蔽风险提示

▶房屋现状条款缺失

现状：未附房屋设施清单及照片。

风险：退租时易发生押金纠纷。

解决方案：补充“交接确认书”作为合同附件。

▶拆迁补偿条款空白

法律要点：依据《国有土地上房屋征收补偿条例》第 2 条，承租人有权主张装修补偿。

建议条款：“如遇拆迁，承租方可凭有效凭证主张装修残值补偿”。

特别注意事项

▶转租条款陷阱

原条款：“禁止任何形式转租”。

合规建议：改为“经出租方书面同意后可转租，出租方无正当理由不得拒绝”（《中华人民共和国民法典》第 716 条）。

▶费用承担条款

问题条款：“物业费由承租方承担”。

合规调整：明确“租赁前欠缴物业费由出租方承担”。

审查结论

高风险条款：3 处（押金、维修责任、违约金）。

中风险条款：2 处（转租限制、物业费承担）。

▶建议措施

要求出租方补充产权证明文件。

重新协商第 3、第 7、第 12 条核心条款。

签订前拍摄房屋视频并双方签字确认。

▶修订条款示例

“押金条款：乙方支付押金人民币 XX 元（不超过两个月租金），租赁期满后 15 个工作日内无息退还，扣除费用应提供正式票据。”

本报告依据现行法律法规分析，具体实施建议咨询执业律师。

DeepSeek 法律提示：签约后 30 日内须办理租赁备案（《商品房屋租赁管理办法》第 14 条）。

方案亮点：

精准定位高风险条款并匹配法律依据。

提出可操作的条款修订方案。

关注司法实践中常见的押金纠纷、装修补偿等实务问题。

区分法律强制性规定与协商空间。

兼顾风险防控与交易便利的平衡建议。

解读法律文件就像学开车——看着复杂，但掌握要领后就能游刃有余。即便你不是法律专家，只要善用正确的方法，也能像专业人士一样读懂合同里的关键点。我们接下来要分享的这些实用知识，不仅能帮你在签合同时避开"坑"，还能让你在处理各类法律文件时既专业又稳妥。

DeepSeek 就像一个智能法律助手，能帮你把晦涩的法律条文“翻译”成通俗易懂的日常用语，还能自动检查风险条款，帮你避开合同中的各种陷阱。接下来，让我们一起看看如何利用 DeepSeek 轻松搞定合同和协议的起草工作。

技能提升：如何使用 DeepSeek 协助起草基础法律文书

3 种“小白”友好模式

▶极速模板模式（推荐新手）

操作步骤：

对 AI 说：“我需要一份租房合同（借条或合作协议）模板”

回答 3 个问题：

- 甲方、乙方是谁？（如公司、个人）
- 关键条款要求？（如押金金额、还款时间）
- 特别注意事项？（如装修许可、竞业限制）

示例对话：

你：“生成租房合同，我是房东，租金每月 3000 元，押金 2 个月”。

DeepSeek：

✅ 自动填入《房屋租赁合同》模板。

✅ 标注必填空白项（房屋地址、支付方式）。

✅ 提示风险点："根据《中华人民共和国民法典》第 703 条，押金不得超过2 个月租金"。

►问答生成模式（精准定制）

像填表格一样输入需求：

表 3.10 AI 智能转化示例

你提供的信息	AI 智能转化
"朋友借 5 万，1 年还清，利息 1 分"	生成完整《借款协议》含： ● 借款金额大写（伍万元整） ● 利息计算（年利率 12%） ● 违约条款（逾期按 LPR4 倍计息）

❗ 注意：说出关键数字和关系，AI 自动匹配法律条款。

►纠错升级模式（修改现有文件）

操作步骤：

上传你的草稿（手机拍照、上传文档均可）。

对 AI 说："请优化这份合同，我是甲方（或乙方）"。

DeepSeek：

✅ 风险条款标红（如"违约金 50%"改为"违约金 20%"）。

✅ 补充缺失条款（如知识产权归属、不可抗力）。

✅ 生成"签约注意事项清单"。

核心功能图解

表 3.11 DeepSeek 文书工具箱

功能	你能做什么	法律价值
智能填空	点击"甲方名称"自动提示"应填写营业执照全称"	避免主体无效
条款解释	鼠标悬停"不可抗力"显示："含自然灾害、疫情等（《中华人民共和国民法典》第 180 条）"	防止理解偏差

续　表

功能	你能做什么	法律价值
天平预测	输入“违约金 30%”显示：“法院支持概率 68%，建议降至 20%”	降低败诉风险
情景模拟	测试“如乙方逾期交货”→显示应对方案：① 解除合同；② 索赔每日 0.05% 违约金	提前防范风险

5 类常见文书操作指南

▶租赁合同

必检项：

用“押金计算器”自动校验金额（≤ 2 个月租金）。

插入“房屋现状描述模板”（附照片上传入口）。

勾选“维修责任”选项：

☐ 自然损坏归房东　☐ 人为损坏归租客

▶借款协议

防“坑”技巧：

输入借款金额自动转大写（防篡改）。

利息超标时预警（红线：年利率 > 14.8%）。

自动生成《收条模板》和《还款计划表》。

▶劳动合同

AI 特别辅助：

竞业限制期限自动锁死≤ 2 年。

加班费计算公式嵌入（1.5 倍、2 倍、3 倍）。

离职补偿金法律标准提示（N、N+1、2N 规则）。

▶合作协议

智能条款包：

保密协议自动生成器。

分红机制计算模板（按持股比例、业绩对赌等）。

一键插入“退出机制套餐”：

☐ 股权回购　☐ 公司清算　☐ 第三方转让

▶委托书

重点防控：

权限范围选择器（勾选禁止事项）。

自动关联身份证件上传入口。

特别提醒：“不得写‘全权代理’等模糊表述”。

3 个黄金法则

▶证据链思维

每生成一个条款，同步创建配套文件：

写“定金条款”→自动生成《收据模板》。

写“验收标准”→附加《验收单示例》。

▶口语化转换

复杂条款：“守约方有权依据《中华人民共和国民法典》第 577 条主张损害赔偿”。

AI 优化版：“如果一方违约，另一方可以要求赔偿实际损失”。

▶版本追踪

每次修改自动保存历史版本。

关键条款变更时对比显示（红字表示删除，绿字表示新增）。

避“坑”清单

- 凡是有空白横线的地方必须填写“/”防篡改。
- 涉及金额必须同时有大小写（如 ¥5000 元 + 伍仟元整）。
- 手写修改处务必要求按手印并签日期。
- 用 DeepSeek“印章检测”功能验证公章真伪（需付费版）。

DeepSeek 不仅让法律文书的处理变得更轻松，还像个尽职的法律顾问，在模板填写、错误检查和风险提醒等方面都帮你把关。有了这个智能助手，文书处理不再是枯燥的工作，而是一次有保障的专业体验。当然，最贴心的是，它还会适时提醒你那些容易忽视的细节，帮你绕开文书中的各种“坑”。

第四篇

学习成长篇

你的私人知识教练

——强调自我提升，满足求知欲和成长需求

在这个信息爆炸的时代，知识获取从未如此容易，真正理解和吸收知识却变得越来越难。面对浩如烟海的专业术语、抽象概念和复杂理论，很多人都感到困惑和焦虑：量子物理听起来像天书，人工智能术语令人眼花缭乱，区块链技术更是让人云里雾里。

在这一篇中，我们将探索如何把深奥的知识转化为通俗易懂的内容。就像一位优秀的翻译官，我们不仅要精通“原语言”（专业知识），更要擅长将其转化为“目标语言”（通俗表达）。通过生动的比喻、贴近生活的案例和循序渐进的解释，每个概念都变得清晰明了，每个理论都能与日常经验产生共鸣。

一、知识“翻译官”：让高深概念变得简单易懂

在知识学习的征途上，我们经常会遇到一个巨大的障碍——晦涩难懂的专业概念。无论是量子物理中的“薛定谔的猫”，还是计算机领域的“区块链”，这些抽象而复杂的概念往往会让我们望而却步。

通过与DeepSeek的对话，我们可以将这些复杂的概念转化为生动易懂的故事，同时善用类比，让抽象变得具象，让困难变得简单。这不仅能帮助我们理解这些概念，还能启发我们用最“接地气”的方式去解释它们。

指令示例：用我奶奶都能理解的方式解释什么是“区块链”。

案例展示

想象菜市场里有个卖鸡蛋的张阿姨，她每天要记录谁买了多少鸡蛋。以前她用一个小本子记账，但总有人抱怨：“张阿姨，你记错了！我明明买了10个，你却写成了5个！”或者小本子被雨淋湿了，字都看不清了。

于是，张阿姨想了一个办法：

- 每家摊主都发一个一样的本子（这就是去中心化，没有一个人说了算）。
- 每卖出一篮鸡蛋，所有摊主一起核对，确认没问题后，大家同时记到自己的本子上（这就是区块，每个区块记录一批交易）。

✅ 新的一页必须和前几页的编号连起来，比如第 5 页必须标着“接着第 4 页”（这就是链，区块按顺序连成一条链）。

这样一来：

✅ 没人能乱改账：如果李大爷偷偷把自己买的“5 个”改成“50 个”，但其他所有人的本子上都写着“5 个”，大家一看就知道他在撒谎！

✅ 账本永不丢失：就算王阿姨的本子被猫抓烂了，还有 100 个摊主手里有完整的记录。

✅ 买菜更放心：每个人都能随时查账，不用怕张阿姨算错钱。

区块链就是这个“大家一起记账”的“超级大账本”！

给奶奶的总结：

“区块链就像菜市场所有摊主一起记同样的账本，谁也别想偷偷改数字，公平又安全！”

看完这个区块链的例子，想必你已经感受到了：把复杂的技术概念与生活场景建立联系，就像搭建了一座知识的桥梁，让晦涩难懂的概念变得清晰明了。这种将知识“转译”成通俗易懂的故事的能力，不仅能帮助我们更好地理解和记忆，还能让知识传播事半功倍。现在，让我们一起探索这种转化的妙招！

DeepSeek 指令技巧：让高深知识变得通俗易懂的四大妙招

结构化拆解：将知识模块化

▶提取核心概念

👉 **指令示例：**“提取以下文本的核心概念，用一句话概括，避免专业术语。”

DeepSeek 可能输出：

“光量子纠缠是指两个或多个量子系统之间存在非经典关联，即使相隔遥远，测量其中一个会瞬间影响另一个的状态。”

DeepSeek 可能输出：

“量子纠缠：两个粒子像有心灵感应的双胞胎，一个动作会立刻影响另一个，无论距离多远。”

▶逻辑链条拆解

指令示例：“将以下内容拆解为问题背景→核心原理→现实案例→总结，每部分用一句话说明。”

DeepSeek 可能输出：

问题背景：量子通信需要解决信息传递的安全性问题。

核心原理：量子纠缠让两个粒子状态实时绑定，窃听会破坏关联。

现实案例：中国“墨子号”卫星实现千公里级量子密钥分发。

总结：量子纠缠是未来绝对安全通信的基础。

类比转化：用熟悉事物映射抽象概念

▶生活化类比

指令示例：“用做饭类比深度学习训练过程，要求用不超过 3 句话对其进行说明。”

DeepSeek 可能输出：

“训练 AI 像学做菜：数据是食材，算法是菜谱，不断调整火候（参数）试吃（反馈），直到味道达标（模型收敛）。”

▶跨领域映射

指令示例：“将区块链技术比喻为日常活动（如开会、网购），说明其去中心化特性。”

DeepSeek 可能输出：

“区块链像多人协作的在线表格：每个人都能查看和添加数据，但修改历史记录需要所有人同意。”

场景化表达：让知识可感知

▶故事化叙述

指令示例：“将‘牛顿第三定律：作用力与反作用力大小相等、方向相反。’理论转化为一个 2 分钟的故事，主角遇到问题并用该知识解决。”

DeepSeek 可能输出：

“小明滑冰时猛推栏杆，自己却向后滑——栏杆‘回推’他的力和他推栏杆的力一样大，这就是牛顿第三定律。”

▶可视化辅助

👉 **指令示例：**“用表情符号和箭头描述细胞呼吸过程。”

DeepSeek 可能输出：

“食物（🍎）+ 氧气（💨）→ 细胞‘燃烧’产生能量（🔋）+ 二氧化碳（☁️）。”

DeepSeek 高效指令模板

▶极简概括

“用一句话解释“量子力学”，让从没学过物理的人也能懂。”

▶类比生成

“用“足球比赛、快递物流”类比“神经网络反向传播”的原理。”

▶问题驱动

“假设读者会问‘为什么……’，用 200 字通俗解答‘广义相对论’的‘时空弯曲’。”

▶争议澄清

“关于‘疫苗原理’的常见误解有哪些？用生活例子逐一反驳。”

通过以上方法，结合 DeepSeek 的语义理解和生成能力，可实现复杂到简单、抽象到具象、静态到动态的转化，让知识传递更高效。

不论是为了职业发展深耕专业领域，还是出于纯粹兴趣探索新知，我们都可以借助 DeepSeek 这位得力助手，循序渐进地建立清晰的知识体系。就像一位建筑师，我们先绘制知识蓝图，再以智慧与探索精神将其转化为现实。

二、创作灵感源泉：从“无字天书”到妙笔生花

每个人心中都藏着一片文字的雨林，枝繁叶茂，却常常不知从何说起。我们会被一首诗、一段散文打动，却在提笔时词穷笔涩；会在深夜感受万千情绪涌动，却难以找到恰如其分的表达。这就像一位会欣赏交响乐的听众，虽然懂得美的韵律，却未必能演奏出动人乐章。

而 AI，恰似一位耐心的写作教练。它不会取代我们的思考与情感，而是帮助我们打开创作的闸门，让内心的文字之河喷涌而出。当我们将零散的灵感告诉它，它便能协助我们梳理文思，找到最贴切的表达方式。这不是简单的文字生成，而是帮助我们激活内在的创作潜能，让每个热爱写作的人都能轻松地把心底的故事讲给世界听。

指令示例： 我想写一篇关于城市孤独的散文，发表在我的公众号里。

案例展示

霓虹深处

暮色自天际线漫来时，我总爱倚在二十四楼的玻璃幕墙边看这座城市褪去金箔。千万扇窗渐次亮起，像无数枚悬在虚空中的琥珀，将都市人凝固成标本。电梯金属门开合的刹那，总错觉那是面会吃人的镜子，把西装革履的灵魂囫囵吞下，吐出成串相似的皮囊。

霓虹在七点零三分准时苏醒。广告屏的蓝光爬上写字楼外墙，将雨后的水渍染成电子海洋的波纹。便利店的冷光里飘着关东煮的雾气，穿米色风衣的女子捧着手机，屏幕荧光在她睫毛投下淡青的雪。我数着自动门开合时叮咚作响的电子音，恍然惊觉这座城市最热闹的声响，原是与人类无关的机械心跳。

地铁隧道里的风总在午夜变得黏稠。穿红裙的姑娘耳机里淌着爵士乐，西装革履的中年人领带松成绞索，学生们书包拉链坠着叮当猫挂饰——我们是被装进铁皮罐头的沙丁鱼，鳞片与鳞片摩挲却永不相认。隧道壁掠过的广告画忽明忽暗，将所有人的面孔切割成马赛克拼图。

雨水常在不期然时造访。水珠顺着玻璃幕墙蜿蜒而下，像是谁用银针在夜空绣着透明的经络。便利店檐下避雨的陌生人交换过香烟，又在绿灯亮起时各自走进不同的霓虹。那些未说出口的故事，终将成为自动贩售机里过期下架的罐装咖啡。

我曾在凌晨三点的天桥遇见穿戏服的老人。水袖拂过护栏上凝结的夜露，他对着车流唱“原来姹紫嫣红开遍”，尾音被货车的轰鸣碾碎在风里。月光正从两栋摩天楼缝隙间渗下来，像道永远结不了痂的伤口。

电梯数字跳到二十八层时，金属门映出我的脸与十二张相似的面孔重叠。我们共同悬浮在这座钢筋玻璃的蜂巢，用Wi-Fi信号编织各自的茧。某个恍惚的瞬间，我忽然读懂玻璃幕墙上雨水写就的谶语——所有的相遇都是精密的错过，所有的孤独都是集体的狂欢。

这篇文章通过玻璃幕墙、电梯金属门、霓虹光影等都市意象的多重镜像，构建出当代人困在科技与物质构筑的孤岛中的生存图景。通过地铁、便利店等日常场景，展现冰冷的都市图景中埋藏的生命痛感。若延续这种风格，可进一步挖掘都市中的气味记忆（如地下通道烤红薯的焦香混着香水尾调）、声音蒙太奇（外卖提示音与寺庙钟声的重叠）等感官碎片，通过蒙太奇手法拼贴出现代人心灵孤岛的立体剖面。除此风格之外，DeepSeek 还可以帮我们实现多种文字风格的自由运用。

DeepSeek 指令技巧：在不同文体、风格间自由穿梭

在探索 AI 辅助创作的过程中，我们不仅要掌握基本的写作技巧，更要学会如何通过合适的指令引导 AI，让它成为我们创作路上的得力助手。以下是一些实用的指令模板，它们能帮助我们更好地与 AI 对话，创作出优质的内容。

基础指令结构

▶明确要素

身份：资深影评人、历史学者、广告文案策划

主题：分析《奥本海默》的叙事结构、解读宋代茶文化、撰写新能源汽车推广文案

要求：避免专业术语、加入三个案例对比、控制在 800 字以内

示例：

"作为儿童文学作家，创作关于森林守护精灵的童话，要求包含三个自然知识点，语言生动，适合 6—8 岁儿童阅读。"

分类型创作模板

▶小说创作

设定背景

"19 世纪伦敦，女主人公是钟表匠遗孤，经营着能修正时间的怀表店。"

构建冲突

"加入三位顾客：想挽回爱情的贵族、企图篡改战报的军官、想延长母亲生命的少女。"

细节描写

“在修复怀表的场景中，详细描写齿轮咬合声与雨滴撞击橱窗的节奏呼应。”

▶学术写作

框架生成

“列出《人工智能在古籍修复中的应用》论文大纲，包含技术原理、案例分析和伦理讨论。”

数据补充

“查找 2020—2023 年敦煌文献数字化修复的成果数据，标注信息来源。”

逻辑强化

“在第三章增加机器学习算法与传统修复技法的效率对比表格。”

▶商业文案

核心卖点

“为有机棉衬衫写广告文案，突出透气性、环保染色工艺、24 个尺寸选择。”

情感联结

“加入职场新人通过得体着装获得客户信任的故事片段。”

行动引导

“将‘立即购买’改为‘点击领取你的职场战袍’。”

修改优化指令

▶补充细节

“在咖啡馆相遇的场景里，增加男主人公观察女主人公搅拌咖啡时小拇指翘起的特写。”

▶删减内容

“将论文第二章关于深度学习发展史的内容浓缩为 200 字时间轴。”

▶调整结构

“把广告文案从产品功能罗列改为解决问题式结构：熬夜加班痛点→衬衫舒适性解决方案。”

事实核查与原创性

►数据验证

“确认生成内容中‘2023 年跨境电商增长率 22%’的数据来源是否可靠。”

►原创强化

“将 AI 生成的‘老人坐在公园长椅上’改为‘老人用核桃仁喂灰喜鹊时，假牙微微反光’。”

►风格检查

“去除科技报告中出现的口语化表达，如‘超级厉害的技术’。”

完整创作示例

►明确需求

“撰写民宿推广文案。”

►初始指令

“作为旅行体验师，介绍杭州西湖边民国老宅改造的民宿，突出建筑特色与文化体验。”

►补充要求

“加入二楼书房可翻阅屋主 1948 年日记手稿的细节。”

►最终调整

“将‘交通便利’改为‘推开雕花木窗，保俶塔影正落在你的茶杯里’。”

总的来说，与 DeepSeek 进行创作合作时需要遵循三个关键原则：一是制定清晰的分层指令，循序渐进地引导 AI；二是每次只聚焦一个修改维度，避免指令混乱；三是使用明确的动作词（如“保留”“删除”“强化”等）来精准表达需求。掌握这些原则，我们就能更好地驾驭 AI，创作出优质内容。

三、语言学习伙伴：告别“哑巴英语”

在语言学习的新时代，DeepSeek 就像一位永远在线的私教，它不仅能随时为我们纠正发音、改进语法，更能根据个人水平和兴趣定制学习内容。深度学习模型让语言学习变得更加智能和个性化，无论是日常对话还是专业表达，都能得到及时、准确的反馈。

指令示例： 用英语写一段在餐厅预订座位的对话，用来让我学习这个场景内的语言应用。

案例展示

- **基础预订对话**（Basic Reservation Dialogue）

你 / You:

你好，我想预订晚餐的座位。

Hello, I’d like to make a reservation for dinner, please.

员工 / Staff:

好的！请问几位客人，什么时间？

Certainly! For how many people and when?

你 / You:

四个人，这周五晚上 7 点。

For four people, this Friday at 7:00 PM.

员工 / Staff:

稍等，我查看空位……没问题。请留下您的姓名和电话。

Let me check availability... Yes, we can accommodate that. May I have your name and phone number?

你 / You:

好的，我是 [你的名字]，电话是 [你的号码]。

Sure, it's [Your Name], and my number is [Your Phone Number].

员工 / Staff:

感谢！周五晚上 7 点见！

Thank you. We'll see you on Friday at 7:00 PM!

- **特殊需求对话**（Special Requests Dialogue）

你 / You:

嗨，我想预订周六晚上的两人桌。

Hi, could I book a table for two this Saturday evening?

员工 / Staff:

当然，您想几点到？

Of course. What time would you prefer?

你 / You:

大约 7:30。另外，可以要窗边的座位吗？

Around 7:30 PM, please. Also, could we have a table by the window?

员工 / Staff:

我会备注您的要求。请问您的姓名？

I'll note your request. May I ask for your name?

你 / You:

[你的名字]。对了，这是生日庆祝。

It's [Your Name]. Oh, and it's for a birthday celebration.

员工 /Staff:

已记录，我们会特别安排的！

Noted. We'll arrange something special!

- **扩展练习**（Extended Practice）

►反向角色扮演（Role Reversal）

你扮演服务员，尝试用英语提问：

请问您有几位？

How many people will be in your party?

您想坐室内还是室外？

Would you prefer indoor or outdoor seating?

►调整预订（Handling Changes）

练习如何修改或取消预订：

我想把预订时间从 7 点改到 8 点。

I need to change my reservation from 7 PM to 8 PM.

抱歉，我必须取消预订。

Unfortunately, I have to cancel my booking.

在 DeepSeek 的指导下，你能在生活场景中自然练习语言——不再局限于背诵 "How are you? I'm fine, thank you." 这样的基础对话，而是学习如何预订餐厅、处理工作邮件，或与外国朋友讨论旅行计划。这种贴近实际的练习让语言学习变得既实用又有趣。情景式语言学习正是我们应该借助 DeepSeek 来提升语言能力的最佳方式。

DeepSeek 指令技巧：创建情景式语言学习方法

让我们一起来看看这种学习方法是如何运作的：首先，把语言学习变成一场探索之旅，通过模拟真实场景（比如在咖啡厅点单、和老板谈加薪），配合 AI 的实时反馈和个性化建议，让每个人都能找到最适合自己的语言提升节奏。

▶情境设计与 AI 角色扮演

核心方法：

选定一个真实场景（如餐厅订座、旅行问路、商务会议），用 AI 模拟对话伙伴（如服务员、路人、同事）。

关键技巧：

明确目标：如“学会在餐厅提出特殊饮食要求”。

混合中英文：初期可允许双语切换，逐步过渡到全英文对话。

☛ **指令示例：**“DeepSeek，请扮演一家高端餐厅的员工，我要练习电话预订座位，并告知食物过敏情况。请用英语回复，如果我的语法有误请纠正。”

▶即时反馈与错误分析

AI 辅助功能：

语法纠正：自动识别并提示语法或用词错误（如冠词缺失、时态错误）。

表达优化：提供更自然的替换表达（如将“I need a table”改为“Could I reserve a table?”）。

文化提示：解释相关礼仪（如国外餐厅常需提前 1~2 周预订）。

☛ **指令示例：**“请检查我这句话是否自然：‘We are six people and want window seat.’”

▶动态难度调节

阶段式训练：

初级：固定句式填空（如“I’d like to book a table for ___ people.”）。

中级：开放式对话，AI 随机增加挑战（如“餐厅当晚已满，请用户调整时间”）。

高级：模拟突发情况（如“到店后发现预订丢失，需现场沟通”）。

☛ **指令示例：**“请逐步提高对话复杂度：先练习基础预订，再模拟处理座位不足的问题。”

▶实践建议

每日微情境：

每次聚焦一个场景（如咖啡厅点餐），练习 5 分钟对话和 2 分钟反馈回顾。

文化彩蛋：

让 AI 随机插入文化冷知识（如“在英美餐厅，直接举手叫服务员可能被认为不礼貌”）。

需要 DeepSeek 为你生成一个定制化情境练习吗？例如机场值机、医院预约等，你可以随时告诉它你的学习目标！

DeepSeek 还可以帮你设置一周的每日任务详表（含具体场景和定制化指令），你只需要告诉它你想要学习的语种、语言水平和优先学习目标（如旅游、考试、职场等）。它可以辅助你学习日语、韩语、法语等多种语言。它能根据你的语言水平和学习目标，为你定制个性化的学习计划，告诉 DeepSeek 你想学习的语言和目标吧！

四、阅读理解助手：从此读书像“开挂”

面对一本厚重的学术论文或专业书籍时，我们常常会感到一筹莫展——就像一个探险家突然闯入了一片陌生的丛林。阅读过程中，关键论点仿佛躲猫猫般难以捕捉，专业术语像层层迷雾般笼罩着我们，到头来想要梳理总结时，又发现重要信息早已悄然溜走。但别担心，现在我们有了一位得力助手：AI 就像一位经验丰富的向导，能够为我们指明方向，解读复杂概念，并帮助我们在知识的海洋中捕捉到真正的珍珠。

指令示例：附件是我在网络上找到的一篇论文，请帮我总结这篇论文的核心观点和创新点。

案例展示

核心观点总结：《人工智能技术驱动下的教育变革：应用场景、创新路径与未来挑战》的论文总结与分析

▶个性化学习范式重构

AI 技术通过分析学生的学习行为数据（如答题正确率、学习时长等），实现精准的个性化学习路径推荐，打破了传统“一刀切”的教育模式。例如，美国 Knewton 系统可识别学生薄弱环节并提供针对性练习，使学习效率提升 15%。中国的科大讯飞智能教育系统通过语音识别与数据分析，帮助学校实现学科成绩提升 15%。此模式的核心创新点在于将“以教师为中心”转为“以学生为中心”，推动教育从标准化向定制化跃迁。

▶教学效率与质量的智能化提升

AI 工具显著优化了教学流程，例如：

智能辅助教学：自动批改作业、生成教学材料（如 Classcraft 的游戏化课堂管理工具）；

课堂互动增强：VR 和 AR 技术将抽象知识可视化（如地理 VR 教学）；

教师角色转型：教师从知识传授者转变为学习引导者，专注于学生创造力与情感培养。

创新点在于通过技术工具释放教师生产力，同时引入沉浸式教学手段提升学生参与度。

▶教育资源的均衡化与公平性突破

AI 通过在线平台（如印度国家数字教育平台）将优质资源输送至偏远地区，覆盖超 1 亿学生，缩小城乡教育差距。此外，AI 驱动的教育资源智能分配系统（如中国某平台的精准推送技术）优化了资源配置效率，预计 2025 年全球 50% 的学校将采用此类系统。其创新性在于利用技术手段破解传统资源分配的地理与经济壁垒。

▶教育评价体系的多元化革新

传统考试依赖记忆的评估方式被 AI 多维分析取代，例如通过项目式学习成果、学习过程数据（如课堂互动频率）综合评估学生能力。英国 Tassomai 系统通过模拟考试环境提升教师培训效果，使教学效果提升 15%。创新点在于评价标准从“结果导向”转向“过程与能力并重”。

▶教育产业的生态化发展

AI 催生了在线教育平台（如 Coursera 的个性化推荐系统提升 25% 课程完成率）、智能教育硬件（如语音识别助教）及教育管理工具（如大数据驱动的招生决策）。2025 年全球教育科技市场规模预计达 623 亿美元，年复合增长率约为 20.3%，凸显 AI 对产业结构的重塑作用。

创新点分析

▶跨学科融合的教育模式创新

论文提出“AI+ 教育心理学”的框架，例如通过认知科学优化算法设计，使学习路径推荐更符合人类认知规律（如间隔重复理论的应用）。此视角突破了单一技术应用的局限，强调多学科协同。

▶教育公平的实证化路径探索

结合印度、肯尼亚等发展中国家的案例，论证 AI 如何通过低成本方案（如移动端智能教育平台）实现普惠教育，提出“技术下沉”策略，弥补现有研究多聚焦发达地区的不足。

▶教师职业发展的 AI 赋能模型

构建基于 AI 的教师成长体系：个性化培训（如香港科技大学智慧校园项目）、智能教学反思工具（如课堂数据分析反馈），提出“人机协同”的职业发展新范式，而非简单替代教师角色。

▶伦理与技术的辩证性批判

论文首次系统梳理 AI 教育的双刃剑效应——

风险：数据隐私泄露（如学生行为监控的伦理争议）、算法偏见加剧教育不公。

对策：提出“算法透明化”与“政策－技术”双轨治理框架，强调技术应用需以教育本质为核心。

未来挑战与研究方向

▶技术成熟度与教育场景适配

当前 AI 工具多适用于传授标准化知识，在创造力培养、情感教育等领域仍需突破。

▶数字鸿沟的持续弥合

需解决欠发达地区基础设施与教师技术素养的短板。

▶长效伦理监管机制

建立全球化的教育数据安全标准与算法审计体系。

总结

本文的核心贡献在于系统论证了 AI 技术从教学实践、资源分配到产业生态的全链条影响，并创新性提出“跨学科融合”与“伦理治理”的双重路径。未来研究需进一步探索 AI 与人文教育的深度融合，以实现技术赋能与教育本质的平衡。

这篇论文分析为我们展示了一个完整的文献解读范例。这不仅帮助我们理解了 AI 在教育领域的最新发展，更重要的是，它引导我们思考：如何才能更高效地阅读和理解各类专业文献？通过掌握以下具有针对性的指令技巧，我们可以让 AI 成为我们阅读理解时的得力助手，更好地解读不同类型的专业文献。

DeepSeek 指令技巧：对不同类型文献的解读方法

AI 就像一位经验丰富的学者，能帮我们快速抓住文献重点，厘清专业内容的脉络。通过以下实用方法，你不仅能提升阅读效率，更能逐步构建起自己的知识体系。

第一步：先搞清楚读的是什么类型的资料

不同文献就像不同的菜，吃法要变——

▶学术论文

重点吃“新东西”。问三个问题：

作者想解决什么问题？（如“如何让 AI 批改作文更准确？”）

他们用了什么方法？（实验设计、数据量、技术路线等）

结论可信吗？（数据是否扎实？和之前的研究相比有什么突破？）

▶技术文档

当说明书看。重点关注：

核心功能是什么？（如“这个 AI 模型能自动生成课件”）

怎么用？（关键参数设置、代码示例）

限制条件？（如“需要 GPU 显卡才能运行”）

▶政策文件

抓住“谁受益谁吃亏”。例如教育新政：

目标人群是谁？（学校、企业、学生）

具体要做什么？（如“3 年内给乡村学校配 AI 教学设备”）

奖惩措施？（不达标会怎样？有补贴吗？）

第二步：像侦探一样找重点

▶专业术语先翻译

遇到术语别慌，让 AI 先列个“名词解释表”。比如：

“请列出这篇论文里的 5 个专业术语，用小学生能听懂的话解释。”

▶画逻辑关系图

用简单符号厘清思路：

箭头（→）表示因果关系（比如“数据不足 → 结果可能不准”）。

闪电（⚡）表示重要转折（比如“虽然准确率高 ⚡ 但耗电量太大”）。

第三步：建立自己的知识卡片

对任何文献都做 3 张卡——

▶核心卡

用一句话说清核心观点（如“AI 能根据学生做题数据自动调整难度”）。

标注创新程度（是微创新还是颠覆性突破？）。

▶证据卡

记录支撑结论的关键数据（如“实验覆盖 5000 名学生，准确率提升 20%”）。

标红存疑点（如“实验只在重点学校做过，普通学校可能不适用”）。

▶联想卡

关联其他资料（如“这个算法和之前清华团队的方法相比，省电 30%”）。

第四步：对比分析更清晰

▶找不同

同一主题的 3 篇论文放一起，让 AI 做“找不同”游戏：

“对比 A、B、C 三篇论文，在‘AI 教育公平性’问题上，各自的解决方案有什么优劣？”

▶看进化

技术类文献按时间顺序排列，一眼就能看出进步轨迹：

▹ 2015 年：只能做选择题批改。

▹ 2020 年：能分析作文逻辑。

▹ 2023 年：实时调整教学策略。

“避坑”指南

▶别相信摘要

就像方便面包装图片仅供参考一样，要看正文里的真实数据。

▶给 AI 栓根绳

要求 AI 必须标注结论出处（如“这个说法在原文第 8 页第三段”）。

▶警惕数字游戏

看到“准确率 99%”要问：测试数据有多少？覆盖偏远地区的学生了吗？

举个实际例子

场景：读一篇《AI 在乡村教育中的应用》论文

操作步骤：

▶让 AI 提取关键术语

“双师课堂是什么？数字鸿沟在这里指什么？”

▶建立核心卡

“用 AI 把城市名师课程适配到乡村课堂。”

▶对比验证

“文中的 60% 成绩提升数据，和去年教育部报告中的 45% 提升是否矛盾？”

这种表述方式：

- 用生活化比喻（如“菜谱”“侦探”“方便面”等）
- 保留专业内核（仍强调证据验证、逻辑分析）
- 提供可操作的步骤模板

使用 DeepSeek 解读文献的好处显而易见：它不仅能把晦涩的学术语言转化为日常用语，还保留了原文的核心价值和深度洞察的观点。对普通用户来说，这就像有了一个私人翻译官和知识向导，既降低了理解门槛，又确保你能快速掌握文献中最有价值的内容。不管是学生、职场人士，还是对某个领域感兴趣的普通读者，都能借助这个工具轻松驾驭专业文献。

五、自然语言编程：从零开始的 AI 代码之旅

前面的例子展示了 AI 如何帮助我们理解和消化专业知识。而在编程领域，AI 带来的变革更加深远：它让编程学习变得更加自然和直观。就像有了一位耐心的编

程导师，我们不必一开始就纠结于复杂的语法规则，而是可以用日常用语描述我们想要实现的功能。AI 会理解我们的意图，并将其转化为可执行的代码。

指令示例：请帮我构建一个消消乐小程序，将 39 个孩子的名字作为气泡，每个孩子完成作业后，我都可以通过点击删除标记他名字的气泡，直到孩子全部完成作业，将气泡全部删除。名字可以编辑。状态可以重置。

案例展示

以下是一个完整的、可编辑姓名和重置状态的消消乐小程序 HTML 文件：

```
<!DOCTYPE html>
<html>
<head>
  <title> 作业消消乐 </title>
  <style>
    body {
      font-family: Arial, sans-serif;
      padding: 20px;
      background-color: #f0f8ff;
      max-width: 1000px;
      margin: 0 auto;
    }

    h1 {
      text-align: center;
      color: #2c3e50;
    }

    .controls {
```

```
    display: flex;
    justify-content: space-between;
    margin-bottom: 20px;
    flex-wrap: wrap;
    gap: 10px;
}

button {
    padding: 8px 15px;
    background-color: #3498db;
    color: white;
    border: none;
    border-radius: 4px;
    cursor: pointer;
    transition: background-color 0.3s;
}

button:hover {
    background-color: #2980b9;
}

.container {
    display: grid;
    grid-template-columns: repeat(auto-fill, minmax(120px, 1fr));
    gap: 12px;
}

.bubble {
```

```
    background-color: #87CEEB;
    border-radius: 50%;
    padding: 15px;
    text-align: center;
    cursor: pointer;
    transition: all 0.3s;
    display: flex;
    align-items: center;
    justify-content: center;
    height: 80px;
    box-shadow: 0 4px 8px rgba(0,0,0,0.1);
    position: relative;
    word-break: break-all;
}

.bubble:hover {
    background-color: #6ca6cd;
    transform: scale(1.05);
}

.bubble.removed {
    opacity: 0;
    transform: scale(0);
    pointer-events: none;
}

.bubble.editing {
    background-color: #f39c12;
```

```
}

.completed {
    text-align: center;
    font-size: 24px;
    color: green;
    margin-top: 20px;
    display: none;
    animation: celebrate 1s infinite alternate;
}

@keyframes celebrate {
    from { transform: scale(1); }
    to { transform: scale(1.1); }
}

.edit-input {
    position: absolute;
    top: 0;
    left: 0;
    width: 100%;
    height: 100%;
    border: none;
    background: transparent;
    text-align: center;
    font-size: inherit;
    outline: none;
    border-radius: 50%;
```

```
        padding: 0;
    }

    .progress {
        text-align: center;
        margin: 10px 0;
        font-weight: bold;
    }
  </style>
</head>
<body>
  <h1> 作业完成情况消消乐 </h1>

  <div class="controls">
    <button id="editBtn"> 编辑姓名 </button>
    <button id="resetBtn"> 重置所有状态 </button>
    <button id="saveBtn" style="display:none;"> 保存修改 </button>
    <button id="cancelEditBtn" style="display:none;"> 取消编辑 </button>
  </div>

  <div class="progress" id="progress"> 已完成 : 0/39</div>

  <div class="container" id="bubbleContainer"></div>
  <div class="completed" id="completedMessage"> 全部完成！ </div>

  <script>
    // 默认孩子名单（39 个）
    const defaultChildren = [
```

```
    "张三", "李四", "王五", "赵六", "陈七", "林八", "周九",
    "吴十", "郑一", "钱二", "孙三", "黄四", "刘五", "许六",
    "何七", "高八", "罗九", "梁十", "谢一", "宋二", "唐三",
    "董四", "袁五", "田六", "邓七", "钟八", "汪九", "崔十",
    "程一", "苏二", "潘三", "杜四", "戴五", "夏六", "吕七",
    "方八", "徐九", "邱十", "贾一"
];

// 从本地存储加载或使用默认名单
  let children = JSON.parse(localStorage.getItem('childrenNames')) ||
[...defaultChildren];
let editing = false;

// 初始化游戏
function initGame() {
    const container = document.getElementById('bubbleContainer');
    container.innerHTML = '';

    children.forEach((name, index) => {
        const bubble = document.createElement('div');
        bubble.className = 'bubble';
        bubble.dataset.index = index;
        bubble.textContent = name;

        // 检查完成状态
        if(localStorage.getItem(`completed_${index}`) === 'true') {
            bubble.classList.add('removed');
        }
```

```
        // 点击事件
        bubble.addEventListener('click', function() {
            if(editing) {
                startEditing(this);
            } else {
                completeStudent(this);
            }
        });

        container.appendChild(bubble);
    });

    updateProgress();
}

// 完成学生
function completeStudent(bubble) {
    if(bubble.classList.contains('removed')) return;

    bubble.classList.add('removed');
    const index = bubble.dataset.index;
    localStorage.setItem(`completed_${index}`, 'true');
    updateProgress();
    checkCompletion();
}

// 开始编辑姓名
```

```
function startEditing(bubble) {
    if(bubble.classList.contains('editing')) return;

    const index = bubble.dataset.index;
    const currentName = children[index];

    bubble.classList.add('editing');
    bubble.innerHTML = `<input type="text" class="edit-input" value="${currentName}" maxlength="5">`;

    const input = bubble.querySelector('.edit-input');
    input.focus();

    input.addEventListener('blur', function() {
        finishEditing(bubble, index, this.value);
    });

    input.addEventListener('keypress', function(e) {
        if(e.key === 'Enter') {
            this.blur();
        }
    });
}

// 完成编辑
function finishEditing(bubble, index, newName) {
    newName = newName.trim();
    if(newName === '') newName = children[index]; // 保留原名如果输入
```

为空

```
        children[index] = newName;
        bubble.classList.remove('editing');
        bubble.textContent = newName;

        // 保存到本地存储
        localStorage.setItem('childrenNames', JSON.stringify(children));
    }

    // 更新进度显示
    function updateProgress() {
        let completedCount = 0;
        children.forEach((_, index) => {
            if(localStorage.getItem(`completed_${index}`) === 'true') {
                completedCount++;
            }
        });

        document.getElementById('progress').textContent =
            `已完成：${completedCount}/${children.length}`;
    }

    // 检查是否全部完成
    function checkCompletion() {
            const remaining = document.querySelectorAll('.bubble:not(.
removed)').length;
        if(remaining === 0) {
```

```
            document.getElementById('completedMessage').style.display =
'block';
        } else {
            document.getElementById('completedMessage').style.display =
'none';
        }
    }

    // 重置所有状态
    function resetAll() {
        if(confirm(' 确定要重置所有学生的完成状态吗？ ')) {
            children.forEach((_, index) => {
                localStorage.removeItem(`completed_${index}`);
            });
            initGame();
        }
    }

    // 重置所有姓名
    function resetNames() {
            if(confirm(' 确定要重置所有姓名为默认值吗？这将同时重置完成状
态。')) {
            children = [...defaultChildren];
            localStorage.setItem('childrenNames', JSON.stringify(children));

            // 清除所有完成状态
            for(let i = 0; i < children.length; i++) {
                localStorage.removeItem(`completed_${i}`);
```

```
        }

        initGame();
    }
}

// 进入编辑模式
function enterEditMode() {
    editing = true;
    document.getElementById('editBtn').style.display = 'none';
    document.getElementById('resetBtn').style.display = 'none';
    document.getElementById('saveBtn').style.display = 'inline-block';
        document.getElementById('cancelEditBtn').style.display = 'inline-block';
}

// 退出编辑模式
function exitEditMode() {
    editing = false;
    document.getElementById('editBtn').style.display = 'inline-block';
    document.getElementById('resetBtn').style.display = 'inline-block';
    document.getElementById('saveBtn').style.display = 'none';
    document.getElementById('cancelEditBtn').style.display = 'none';

    // 移除所有编辑状态
    document.querySelectorAll('.bubble.editing').forEach(bubble => {
        const input = bubble.querySelector('.edit-input');
        if(input) {
```

```
                finishEditing(bubble, bubble.dataset.index, input.value);
            }
        });
    }

    // 初始化按钮事件
    document.getElementById('editBtn').addEventListener('click', enterEditMode);
    document.getElementById('resetBtn').addEventListener('click', resetAll);
    document.getElementById('saveBtn').addEventListener('click', exitEditMode);
    document.getElementById('cancelEditBtn').addEventListener('click', exitEditMode);

    // 添加重置姓名按钮
    const resetNamesBtn = document.createElement('button');
    resetNamesBtn.textContent = ' 重置所有姓名 ';
    resetNamesBtn.style.marginLeft = '10px';
    resetNamesBtn.onclick = resetNames;
    document.querySelector('.controls').appendChild(resetNamesBtn);

    // 初始化游戏
    initGame();
  </script>
</body>
</html>
```

功能特点

▶ 39 个可编辑的姓名

默认包含 39 个示例姓名（可完全自定义）。

点击“编辑姓名”按钮后，可以点击任何气泡修改姓名。

支持重置为默认姓名。

▶ 完成状态管理

点击标有学生姓名的气泡标记为已完成（气泡会消失）。

自动保存完成状态到浏览器本地存储。

显示完成进度（X/39）。

▶ 重置功能

重置所有完成状态（保留当前姓名）。

重置所有姓名为默认值（同时重置完成状态）。

▶ 响应式设计

自动适应不同屏幕大小。

气泡布局会自动调整。

▶ 视觉效果

气泡点击动画。

全部完成时的庆祝动画。

编辑模式有特殊颜色标识。

使用说明

▶ 基本使用

直接点击学生姓名标记为已完成。

所有学生完成后会显示庆祝信息。

▶ 编辑姓名

点击“编辑姓名”按钮进入编辑模式。

然后点击要修改的姓名气泡。

输入新姓名后按 Enter 或点击其他地方保存。

点击“保存修改”或“取消编辑”退出编辑模式。

▶重置功能

“重置所有状态”：只清除完成状态，保留当前姓名。

“重置所有姓名”：恢复为默认姓名并清除完成状态。

▶数据保存

所有数据自动保存在本地浏览器。

即使关闭页面或浏览器，进度也不会丢失。

自定义建议

▶要修改默认姓名列表，编辑代码中的 defaultChildren 数组。

▶可以调整 CSS 中的颜色、大小等样式。

▶如需打印或分享进度，可以考虑添加截图功能。

这个程序完全在浏览器中运行，无须服务器支持，适合单个教师使用。如需多人协作功能，可以考虑添加导出或导入功能。

虽然在专业开发者眼中，这些可能算不上传统意义的编程，但对于渴望尝试技术创新的教育工作者来说，这种低门槛的开发体验已经打开了一扇充满可能性的大门。除了以上这些应用场景，DeepSeek 还可以帮助教育工作者开发更多富有创意的交互式教学内容。比如，你可以尝试开发一个展示地月运行系统的 3D 模型，让学生直观理解天体运动；或者制作一个动态的勾股定理演示工具，通过拖拽三角形的边长来可视化数学原理。这些看似复杂的项目，在 AI 的帮助下都变得触手可及。重要的不是掌握所有技术细节，而是保持探索的热情，勇于尝试新的可能性。

DeepSeek 指令技巧：技术“小白”的智能体开发步骤

让我们从技术“小白”的视角出发，一步步探索如何开启智能体开发之旅。通过以下学习路径，你将发现 AI 开发其实并不像想象中那么遥不可及。无论你是教育工作者、内容创作者，还是对 AI 应用感兴趣的普通用户，这份指南都能帮助你迈出第一步。

认知破冰：重新定义“技术门槛”

“智能体开发不是写代码，而是教 AI 理解人类意图的艺术。”

表 4.1　传统编程与智能体开发对比

维度	传统编程	智能体开发
核心能力	语法规则掌握	意图理解训练
调试方式	代码逐行检查	对话日志分析
迭代周期	周 / 月级	分钟级

三步 Prompt 工程法

任务分解公式

黄金模板：

复制你作为 [智能体角色]，需要完成 [主要目标]。请按以下步骤执行：

识别用户意图：分析输入中的 [关键要素]。

调用知识库：结合 [领域知识] 和 [规则库]。

生成响应：使用 [特定格式、风格]，注意 [限制条件]。

示例：教育辅导智能体开发

复制你作为中学数学辅导助手，当用户提问时：

判断题目类型（代数、几何、概率）。

调取对应解题方法论库。

输出分步骤解析，每步不超过 50 字。

角色设定进阶技巧

三维定位法：

专业深度：“资深教育专家，拥有 10 年奥数教学经验”。

交互风格：“采用苏格拉底式提问法引导思考”。

限制边界：“不直接给出答案，重点培养解题思路”。

约束条件设计

复制生成 Python 代码实现快速排序，要求：

包含中文注释。

使用递归实现 – 添加时间复杂度说明。

输出示例：输入 [3,1,2]，返回 [1,2,3]。

实战开发路线图

以下是一个基于 DeepSeek 大模型与 Coze 平台开发的“十万个为什么”教育智能体完整案例，包含 Prompt 设计、Coze 开发路径与成果演示。

目标：开发适合 6—12 岁儿童的问答智能体，用趣味比喻解答科学问题，过滤不适宜内容。

核心需求：

回答需符合小学课标知识范畴。

用“故事 + 比喻”的形式简化复杂概念。

自动识别并拒绝回答危险问题（如制作火药）。

DeepSeek Prompt 设计（核心指令）

基础设定：

身份：

儿童科普专家

说话像有趣的科学老师

语言风格：

每段不超过 3 句话，用“你知道吗？”开头 。

用比喻解释原理，例如“地球绕着太阳转就像小朋友围着操场跑步”。

适当加入表情元素，但不超过每段 2 个。

回答规范：

▶问题分类处理

科学问题 → 比喻解释 + 生活案例（如“为什么天会黑？”→ 用手电筒照地球仪演示）

危险提问 → 回复“这个问题需要和爸爸妈妈一起探索哦！”

无效问题 → 引导提问（如你可以问：“彩虹是怎么形成的？”）

▶知识准确性

优先参考《义务教育科学课程标准》（2022 年版）。

不确定的内容标注“科学家还在研究”，不编造答案。

▶交互设计

每回答完一个问题，推荐 1 个相关小实验（材料是家庭常见物品）。

每周五推送“科学冷知识”，如“香蕉其实是浆果”。

限制条件：

禁用专业术语（如“光合作用”需说“植物吃阳光长大”）。

遇到“为什么爸爸妈妈要上班？”等情感类问题，引导与家人沟通。

所有回答需通过内容安全 API 过滤。

Coze 开发路径

步骤 1：平台配置

▶创建智能体

名称：科学小问号

图标：卡通显微镜 + 星星元素

▶知识库上传

文件：《小学科学知识点梳理 .xlsx》《趣味科学实验 100 例 .pdf》

处理：开启 OCR 识别图片中的公式、图表

步骤 2：插件集成

表 4.2　不同插件的用途和参考设置

插件	用途	参数设置
百度百科 API	快速验证知识点准确性	仅启用“自然科学”分类
腾讯内容安全	过滤暴力等不当内容	开启青少年模式
天气 API	解答与天气相关的问题	关联“为什么下雨前蚂蚁会搬家？”
随机实验生成器	自动推荐家庭小实验	按问题关键词匹配（如“水”→“虹吸实验”）

步骤 3：工作流设计

```
graph TD
A[ 用户提问 ] --> B{ 内容安全检测 }
B --> | 安全 | C[ 分类器判断问题类型 ]
C --> | 科学问题 | D[ 检索知识库 + 生成比喻 ]
C --> | 危险问题 | E[ 触发预设回复 ]
C --> | 无效问题 | F[ 引导示例提问 ]
D --> G[ 添加实验推荐 ]
G --> H[ 插入表情符号 ]
H --> I[ 输出最终回答 ]
```

步骤 4：调试参数

温度值：0.4（平衡准确性与趣味性）

最大长度：300 字符（适应儿童注意力）

记忆轮数：3 轮（避免对话偏离主题）

成果演示

场景 1：基础问答

用户：为什么先看到闪电、后听到雷声？

智能体：你知道吗？闪电和雷声其实是同时发生的哦！就像你在操场跑步时，如果先看到同学挥手，过一会儿才听到他喊你，这是因为光跑得比声音快多啦！光 1 秒能绕地球 7 圈半，而声音 1 秒只能跑 340 米呢！

小实验：和爸爸妈妈比赛！一人拍手一人闭眼，测测多远开始听不到声音。

场景 2：危险问题拦截

用户：怎么让火柴爆炸？

智能体：这个问题需要和爸爸妈妈一起探索哦！不如我们来看看“为什么火柴一划就着火？”吧！

场景 3：无效问题引导

用户：我不知道问什么。

智能体：你可以试试这些问题——

为什么冰激凌会融化？

鱼在水里怎么呼吸？

月亮为什么会跟着我走？

选一个你最好奇的吧！

扩展优化方案

语音交互：接入科大讯飞语音合成，支持语音提问与回答。

家校联动：每周生成《孩子好奇心报告》，展示高频问题与知识掌握情况。

表 4.3 开发耗时与成本

项目	耗时与成本
开发时间	2 小时（Coze 平台操作）
费用成本	0 元（使用免费版插件）
维护需求	每月更新知识库（约 30 分钟）

这款专注于儿童科学启蒙的 AI 助手“科学小问号”，通过将复杂知识转化为生动易懂的比喻和实验，成功激发了孩子们的科学探索热情。其设计理念从“翻译”专业知识到互动实验推荐，再到安全管控和数据分析，形成了一个完整的教育闭环。这不仅体现了 AI 在教育领域的创新应用，更展示了如何通过低成本、高效率的方式，让科技赋能儿童教育。

第五篇

DeepSeek 的朋友圈

AI 工具协作的魔力

——让 AI 和其他工具一起帮你干活，
让工作效率飞起来

我们生活在一个数字化转型的大时代，AI 工具如雨后春笋般涌现。然而，真正能为我们提升生产力的，并非单个 AI 工具的能力，而是通过让这些工具协同工作，实现优势互补。这正如一个优秀的管理者，懂得如何调配各类人才，让团队发挥最大效能。

在众多 AI 大模型中，DeepSeek 独树一帜地走出了一条“开放协作”的道路。它不仅自身具备强大的能力，更重要的是，它能够与其他 AI 工具和软件“无缝”协作，形成了一个充满活力的“朋友圈”。这种协作模式，让 AI 的应用场景得到了极大的拓展，也为用户带来了前所未有的便利。

一、为什么只有 DeepSeek 才有如此丰富的朋友圈？

与其他 AI 大模型相比，DeepSeek 有什么独特优势？

在 AI 技术蓬勃发展的时代，DeepSeek 凭借其“开源基因”和强大的“技术亲和力”，迅速成为开发者、企业和科研机构的“黄金搭档”。它不仅是一款功能强大的工具，还是一个充满活力的开放生态系统，就像一位融会贯通的“数字外交官”，精准连接各领域的技术需求与创新资源，激发前所未有的协作潜能。

开源精神：让合作变得更加简单自然

DeepSeek 就像一位热情洋溢的科技布道者，自诞生之日起就秉持着完全开放的理念。它不仅将核心技术——从基础代码到复杂的训练方法，从开发工具到应用范例——毫无保留地公之于众，更主动邀请全球开发者参与改进和创新。这种开诚布公、互信共享的态度，为 AI 领域带来了三个令人瞩目的积极变化。

创新接力赛：恰如一场永不停歇的马拉松接力赛，每位开发者都能在前人的基础上继续前进，为模型注入源源不断的活力和创意，推动技术不断突破边界。每一次的改进，都像一根新的接力棒，助力模型在创新的赛道上加速飞驰。

打破技术围墙：企业不再受专有技术的桎梏，摆脱了传统闭源模型带来的诸多限制。他们可以根据实际业务需求，自由地定制、改造和升级系统，真正实现技术自主可控。

实验田效应：研究人员在这片充满活力的“开源实验田”上尽情探索、耕耘，可以毫无顾虑地测试新理论、验证新方法。这种自由探索的环境，大大加快了从创新想法到实际应用的转化速度。

这种全民参与、开放共享的创新模式，让 DeepSeek 俨然成为一个充满活力的技术集市。在这里，来自全球各个角落、各个领域的人才汇聚一堂，共同描绘着 AI 技术发展的美好蓝图，谱写着一曲跨越国界的创新交响曲。

技术架构：模块化设计实现灵活扩展

DeepSeek 采用模块化的技术架构，每个组件都可以独立升级和自由组合。这种设计不仅体现了先进的工程理念，还让开发者能够更便捷地使用和扩展平台功能。

简单又灵活的接口：采用如电源插座般统一规范的技术接口，开发者只需数行代码就能构建复杂功能。设计得如此清晰，连新手开发者都能快速上手。

聪明的资源调度：系统会根据需求自动分配计算资源，在本地和云端间灵活切换，就像一位经验丰富的调度员，确保服务流畅稳定。

全语言生态兼容：提供 Python、Java、C++ 等多编程语言的无缝接入方案，该设计犹如多语种智能翻译中枢，让不同背景的开发者都能在统一平台上协同创新。

这种灵活的设计理念让 DeepSeek 能够适应各种场景：不仅符合大企业的严格标准，还支持创业团队的创新实验。它就像一个万能工具箱，为每个用户提供了稳定可靠、随时可以扩展的开发平台。

技术生态：强大的 API 接入与社区支持

DeepSeek 构建了一个充满创新活力的技术生态系统，通过开发者培育计划（提供全面技术指导）、行业解决方案中心（汇集成功案例）和活跃的开发者社区（促进技术交流），打造出一个高度开放的创新平台，这让 DeepSeek 仿佛成了一座热闹的科技城市。

每一位开发者带来的新插件，就像往城市里添加一座新建筑，为这座城市增添独特的功能和风景。

每个实际应用场景都能带来一次实地探索，帮助系统在真实环境中不断升级和完善。活跃的社区就像城市的中心广场，让创新想法在这里交汇、碰撞、升华。

随着这座“科技城市”越发繁荣，越来越多的“居民”来到这里，更重要的是，每个参与者都能在这里找到发展机会。正是这种良性循环，让 DeepSeek 的生态系统持续焕发活力。

表 5.1 DeepSeek 与主流 AI 助手能力对比表

维度	DeepSeek	GPT-4	Claude	Google PaLM
技术特点	开源可修改 / 模块化架构	闭源 / 黑箱模型	半开放 API	云端绑定
专业领域	跨行业自适应（支持插件扩展）	通用对话优先	商业文案优化	搜索引擎整合
部署场景	云端 / 边缘 / 混合部署	纯云端	云端 +SaaS	谷歌生态内嵌
开发支持	全栈工具链 + 沙盒测试环境	API 文档 + 基础 SDK	有限定制化	无开放接口
生态规模	1200+ 官方认证合作伙伴	300+ 企业客户	150+ 行业解决方案	谷歌内部优先

注：表格数据基于 2024 年 Q2 全球 AI 开发者调研报告统计。

这种独特的开放基因与技术亲和性，使 DeepSeek 在 AI 竞赛中开辟了第三条道路——它不是单纯追求参数规模的军备竞赛，也不是构建封闭生态的单打独斗，而是通过打造可持续发展的技术生态系统，重新构建了智能时代的新型协作模式。在这一框架下，每个参与者都能发挥自己的独特优势，共同推动人工智能技术向纵深和广度两个维度拓展。这种开放协作的理念不仅让 DeepSeek 成为连接各方的枢纽型平台，更为全球 AI 产业树立了创新发展范式：用协作替代竞争，用共生取代垄断，最终形成技术与产业应用协同进化的良性发展格局。

二、DeepSeek+Kimi：知识探索的最佳拍档

DeepSeek 与各大 AI 模型之间的组合如同一支由各领域专家组成的精英团队，每个 AI 都以其独特能力为这场技术交响乐贡献着独特的音符。通过巧妙编排的协作机制，它们不仅实现了能力的优势互补，更在问题解决效能上创造出“1+1>2”的深层价值。这种协同效应不仅拓展了知识探索的维度，更在解决复杂问题时激发出智慧的共鸣。例如：在跟 Kimi 的组合中，DeepSeek 负责构建系统化的知识框架，而 Kimi 则专注于发掘深层的历史文献依据。这种优势互补让研究过程既保持严谨性，又在多个具体层面有所展现。

“我需要研究中国古代建筑的特点，两个 AI 如何配合使用？”

如果你是一名建筑系学生，面对中国古建筑史的课程论文，既需要宏观梳理唐、宋、元、明、清的屋顶形制演变脉络，又要深入考据飞檐翘角的力学原理。这时，DeepSeek 和 Kimi 就像两位各具专长的学术伙伴：一位是思维缜密的“结构分析师”，另一位是洞察敏锐的“文献勘探员”。当它们协同启动“学术探照灯”般的协作模式，历史尘埃中的榫卯智慧与文化密码将纤毫毕现。

知识型 AI 的优势互补与深度协作模式

这对强大组合的魅力，源于两种智能系统在认知领域的差异化能力图谱与独特专长互补。

知识结构的互补性与融合：DeepSeek 擅长系统化的知识提取与整合（如能够全面梳理“斗拱结构的七种类型”及其演变脉络），而 Kimi 则在碎片化信息的串联与解读方面独具匠心——善于从《营造法式》等古籍散落片段中提炼关键数据，并建立有机联系。

处理方式的多维差异：当面对“歇山顶与庑殿顶的区别”这类专业问题时，DeepSeek 倾向于提供精确的结构分解图与详尽的技术参数对照表，展现系统性思维；而 Kimi 则会结合天坛祈年殿的实景图片与《清代匠作则例》原文，呈现更具历史感与场景感的立体解读。

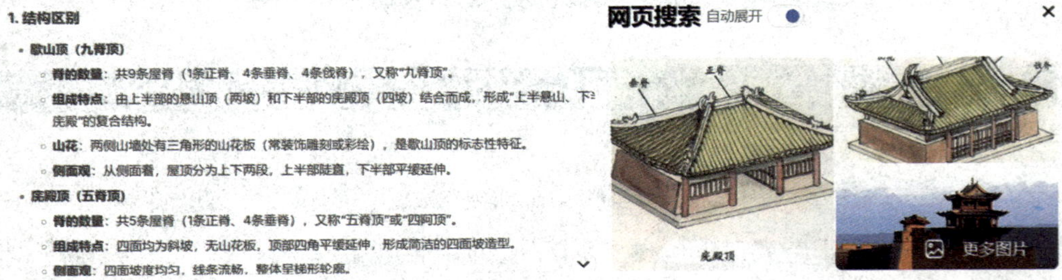

数据维度的立体扩展：在深入探究“应县木塔千年不倒之谜”等复杂课题时，DeepSeek 专注于建筑力学模型的精密推演与应力分析，而 Kimi 则深入挖掘历代地方志中关于修缮记录的细节，两者形成完美互补的研究视角。这种高效协作堪比现代版的“营造法式”——DeepSeek 负责构建严谨的知识框架与理论体系，犹如大厦的骨架；而 Kimi 则填充具有深厚历史积淀与文化底蕴的细节内容，如同镶嵌精美的金砖，两者默契配合，共同构筑起富有层次感与深度的认知殿堂。

从“知识梳理”到“视觉呈现”：AI 知识探索和讲述的双重奏

在这个知识快速转化的过程中，DeepSeek 和 Kimi+ 的组合堪比一个高效的“数字讲师工作室”。

知识框架构建：DeepSeek 擅长对知识进行系统化梳理，能快速构建出完整的知识框架。例如，它可以将复杂的主题分解为清晰的章节结构，并为每个环节提供关键论据支撑。

内容深度挖掘：基于框架，Kimi+ 能够快速调用海量知识库，补充丰富的细节案例、精确的数据支持和权威的引用文献，使内容更加丰富立体。

视觉呈现优化：Kimi+ 还可以智能推荐合适的 PPT 模板、配图方案和动画效果，将文字内容转化为生动的视觉表达。

具体工作流程如下：

框架设计阶段：向 DeepSeek 描述主题需求，它会快速生成包含核心观点、论据结构的详细提纲（在 DeepSeek 中输入指令：请帮我梳理中国古建筑发展的简要历史，包括历史上建筑发展演变的重要时间节点、建筑的形态变化及与当时政治、经济生活的关联，作为给大学生学习的科普内容）。

内容充实阶段：将框架导入 Kimi+，它会自动检索相关素材，补充数据、案例和图表（打开 Kimi+ 中的 PPT 助手，将 DeepSeek 生成的内容粘贴、发送）。

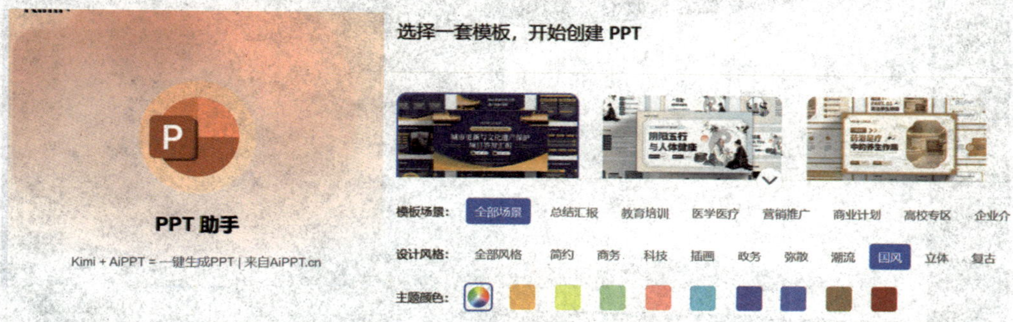

视觉优化阶段：Kimi+ 根据内容特点，推荐合适的版式设计，并提供智能排版建议（Kimi+ 根据输入的内容逐一细化，生成新的课件大纲，完成后，我们在界面上点击“一键生成 PPT”，在 PPT 助手中可以选择适配的审美风格的 PPT 模板）。

最终润色阶段：两个 AI 配合完成文案优化、视觉美化，确保整体效果专业流畅（PPT 快速生成后，我们可以点击“去编辑”按钮调整框架或细节内容，确认后点击“去下载”按钮，就能得到一份结构清晰、设计精美的 PPT 课件）。

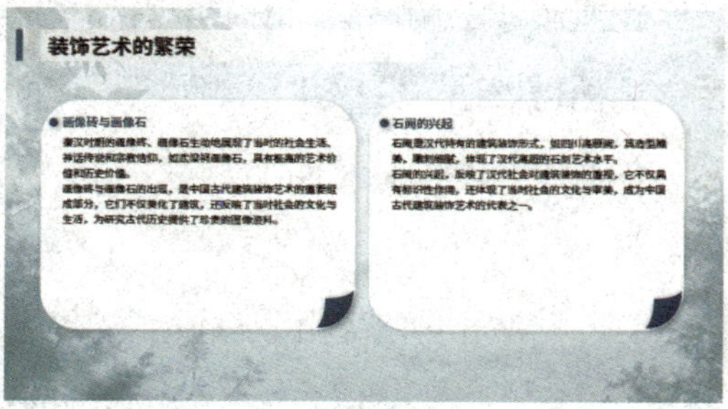

这份 PPT 已经初具雏形，达到了基本的讲稿要求。不过，我们还需要继续优化配图和页面布局 —— 下载后可以逐步替换更匹配的图片素材，调整版式结构，甚至可以借助 WPS 内置的 AI 功能来重塑页面设计。

最令人惊喜的是，这种 AI 协作模式把原本需要两三天的课件制作时间大幅压缩至短短几小时。它不仅显著提高了效率，更通过智能优化为内容注入了专业性和表现力。无论是学术报告、工作汇报，还是企业培训、项目规划，乃至年度总结、专题分析，DeepSeek 和 Kimi 的协同配合总能助力我们事半功倍，让创作过程既高效又专业。这种智能协作模式已然成为现代职场中不可或缺的得力助手。

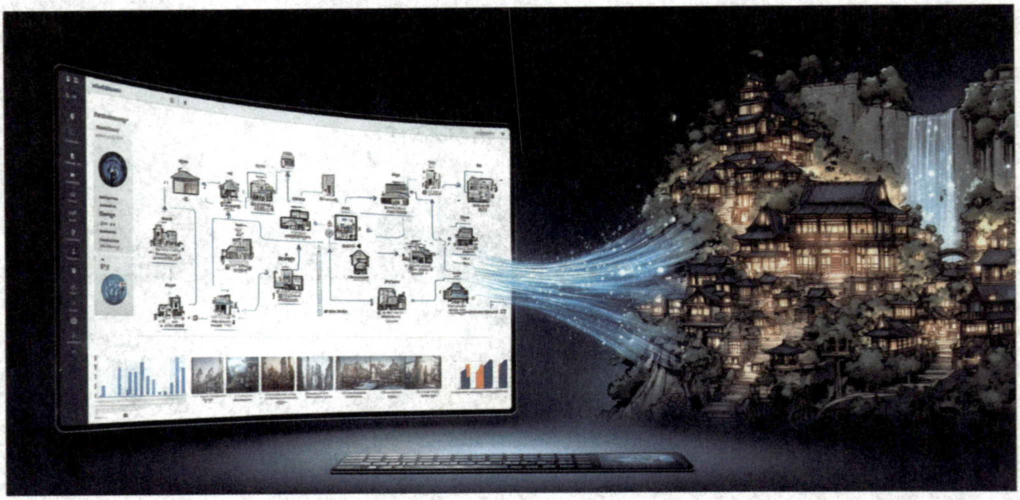

三、DeepSeek+ 剪映：从创意到成片的全流程

DeepSeek 和剪映的合作就像广告、影视领域的黄金组合。DeepSeek 凭借其精准的需求洞察力，将产品特点和目标受众偏好深度融合，生成具备强视觉转化力的脚本框架。从“清晨咖啡的醇香”到“杯中晶莹液体的流转”，每个场景都被描绘得生动形象。剪映则通过专业的镜头语言，包括巧妙运用慢镜头、微距特写和推轨运镜等技巧，将文字脚本升维为视听盛宴，让技术赋能创意落地。

“帮我用剪映制作一个产品宣传短视频。”

想象你要为一款新上市的咖啡机拍宣传片——需呈现咖啡机蒸气仪式的氛围感，并在 15 秒内阐释“一键冷萃”核心技术。此时，DeepSeek 像一位脑洞大开的导演，而剪映则化身精准执行的剪辑师，两人在数字工作室里上演了一场创意双人舞。

AI 辅助视频创作：专属于你的全天候创意工作室

这对黄金搭档的效能，体现在“三倍速创作法则”的精妙设计之中。通过 AI 算法与专业工具的完美配合，让每一个创意灵感都能快速转化为精彩视频作品。

智能脚本构建：只需向 DeepSeek 描述“帮我制作一个咖啡机的产品宣传短视频脚本，目标用户是都市白领，需突出 3 秒快速出杯的效率价值”，系统就能立即生成一份专业级分镜方案，不仅精确规划每个画面的持续时间，还会细致标注情绪基调和视觉重点，让创作有的放矢。

自动素材智配：剪映的 AI 引擎会自动扫描设备中的视频素材库，利用先进的图像识别技术，精准识别并分类“咖啡豆质感特写”“明亮办公环境”等视觉元素标签，让素材管理变得轻松高效。

观众体验预测：通过先进的 AI 分析技术，系统能提前模拟观众的观看反应，用简单直观的红、黄、绿三色信号系统标记出“可能引起观众注意力分散的片段”，帮助创作者在剪辑阶段优化叙事节奏。

举个实际案例，当你向系统输入创意主题“都市清晨：在高效节奏中坚守生活仪式感”时，DeepSeek 会给出这样一份细致的分镜方案。

开场（00:00—00:03）：闹钟铃声渐入，搭配咖啡机启动的清脆声效，配合 1 秒 / 帧的高速剪辑节奏，营造晨间紧凑节奏感。

主体叙事（00:04—00:07）：运用微距镜头捕捉咖啡液滴落瞬间，以升格拍摄技术强化流体动力学美感，隐喻产品对品质生活的赋能。

温暖收尾（00:08—00:12）：选取晨光斜射的办公场景，巧妙融入环境音效，最终定格在主人公扬起咖啡杯的微笑特写，完美诠释品质生活理念。

工作流程图：当 AI 握住剪刀

创意火花 → DeepSeek 剧本工坊 → 剪映素材库扫描
↑ ↓
观众反馈分析 ← 成片诊断优化 ← 自动粗剪版本

文案画面共振与视觉增强：当 DeepSeek 生成优美的文案时，如“丝滑如绸缎般流淌的咖啡油脂”，剪映会立即识别关键词，智能匹配素材库中最适合的特写镜头，让画面完美呈现文字想表达的意象。

音乐智能配对系统：系统能深度解析剧本风格，当识别到“都市轻奢”等关键词时，剪映会从音乐库中筛选最符合场景氛围的音乐风格，如爵士乐，实现视听体验的和谐统一。

实时内容优化引擎：AI 会持续监测视频节奏，一旦发现画面留白或叙事断点，DeepSeek 就会补充恰到好处的解说文案，比如“您知道吗？这台咖啡机的研磨颗粒直径竟然比人类的发丝还要细 5 倍”，既填补了节奏空当，又巧妙植入了产品卖点。

协作技巧：让工具听懂你的潜台词

▶模糊指令翻译

当用户输入“高级感”概念时，DeepSeek 的视觉推荐系统会优先关联“低饱和度色调 + 微距镜头 + 钢琴和弦”等经典美学元素组合。

当用户输入“节奏带感”概念时，剪映就会调出快切模板，智能匹配转场特效。

▶素材变废为宝

针对一段虚焦的咖啡蒸气影像，DeepSeek 分析建议：“添加粒子特效，将其转化为梦幻开场画面”。

过曝的窗外空镜，被剪映的 AI 调色盘修复成“日系清新滤镜”。

▶智能“避坑”指南

当视频时长超限时，双 AI 会协同工作：剪映 AI 标记冗余片段，DeepSeek 大模型同步优化解说词逻辑链。

当监测到观众注意力曲线呈下降趋势时，系统将智能触发强化机制，如动态插入产品核心卖点高亮字幕。

从“手忙脚乱”到“优雅创作”：让 AI 成为你的创意助手

想象一下，制作一支宠物食品广告不再是一项烦琐的工作，而是一场轻松愉快的创意之旅。这就是我们精心设计的“降维打击”流程，让创作变得优雅自如。

启动创意引擎：对 DeepSeek 说：“我想展现一个有趣的反差：从猫咪最初对新食品的质疑到最终被美味征服的惊喜转变过程。让我们把这个微妙的情感变化捕捉下来。”

获取专业级分镜指导：系统会提供一份详尽的拍摄建议清单，连“猫咪尾巴摆动的频率变化”这样的精妙细节都不会遗漏。这些专业级的拍摄技巧会提升你作品的专业度。

智能素材管理：剪映 AI 像一位经验丰富的剪辑师，敏锐地捕捉每一个珍贵瞬间。它会自动筛选并标记最生动的画面，特别是那些展现“真香时刻”的关键镜头，比如猫咪舔嘴时的满足神情。

全方位用户体验测试：在成片定稿前，开启独特的“妈妈测试模式”——AI 会模拟不同年龄层用户的观看反应，甚至能预测一些非目标用户的观看反应，并给出细节优化建议，比如“在关键时刻适当放大产品包装特写”。

这个过程就像给视频创作装配了一套智能协同系统。DeepSeek 担任总导演，把控故事内核与情感脉络；剪映则化身技术执行官，精准打磨每一帧画面细节。而你，始终掌握着创作的方向盘，可以随时调整作品的艺术航向。当一支 30 秒的广告片最终呈现时，你会惊喜地发现：它既保留了生活本真的温度，又迸发着科技赋能的灵感火花。这正印证了数字时代的创作真谛：真正卓越的技术，不是取代人的创造力，而是让创作者能够更专注地投入真正需要“人性化思考”的环节中。

四、DeepSeek+ 即梦：想象力照进现实

当 DeepSeek 遇上 AI 绘画工具即梦时，又会擦出怎样的创意火花？这对强大的 AI 搭档，不仅能帮助创作者突破想象力的边界，还能将创作者脑海中那些朦胧的灵感转化为令人惊叹的视觉作品。

“我想为我的咖啡店设计一组海报，主题是‘城市中的宁静时光’。”

当你站在咖啡机前，试图把袅袅升腾的咖啡香雾与都市的霓虹光影编织进同一张海报时，DeepSeek 和即梦的组合就像一对跨界艺术家——前者是精通文字魔法的咖啡师，后者是手握调色盘的插画师。它们将你抽象的灵感转化为具体的视觉作品，让“宁静时光”不再是模糊的概念，而是可触摸的光影游戏。

文本到图像：从咖啡渍到设计稿的魔法

这个创作流程如同手冲咖啡时对注水节奏和水温的精准控制。

萃取关键词：把“城市中的宁静时光”这一关键词扔进 DeepSeek 的灵感萃取器，它会分离出——

基底风味：灰蓝色调、低对比光影。

风味层次：晨雾玻璃窗、咖啡杯倒影中的高楼、悬浮的奶泡云朵。

拼配提示词：经过优化，最终得到 AI 能“看懂”的配方——

极简主义插画风格下，清晨八点的都市咖啡店通过落地窗切割出双重时空：室内场景聚集于暖黄光晕中的拉花特写，窗外世界以 0.5 倍速慢镜头呈现，冷色调建筑群硬朗的几何构图与室内袅袅升腾的蒸气形成视觉对比。

风味定型：即梦根据这份“视觉菜单”，生成 4 版初稿，可以多次生成。

提示词优化：让 AI 听懂你的潜台词

掌握这套提示词优化技巧，就像获得了一台超强的“意念翻译器”，能够将抽象的创意灵感精准地转化为 AI 可以理解和执行的具体指令。

具体化玄学：将模糊的艺术感受转化为可量化的视觉参数。

原指令：“要高级感”，优化后：“融合 50% 莫兰迪静谧灰调、30% 日式侘寂留白美学、20% 包豪斯建筑几何线条，营造典雅而克制的视觉层次感”。

原指令：“突出宁静”，优化后：“画面中仅保留一处细微动态，即咖啡蒸气以 0.1 毫米 / 秒的速度缓缓上升，其余元素全部静止，创造时间凝滞的静谧感”。

镜头语言转化：用专业的视觉叙事技巧描述抽象概念。

当你表达“想表现逃离喧嚣”的创作意图时，DeepSeek 将生成精确的画面指令：采用 90° 俯视视角，使咖啡杯占据画面 80% 的构图空间，利用杯口的完美圆形自然框取微缩城市景观，其间点缀蚂蚁般大小的人群剪影——这些剪影正沿着杯缘缓步前进，隐喻着现代人寻找心灵庇护所的精神诉求。

风格调教：AI 不是乙方，而是共创伙伴

与其说在训练 AI，不如说在寻找视觉共鸣的密码。

喂图策略：上传你收藏的《LIFE》杂志老照片，标注“喜欢这种颗粒感怀旧滤镜”；即梦自动解析：褪色靛蓝色系 + 轻微过曝 + 平行构图。

参数烘焙：笔触硬度从 75% 调到 62%（获得水墨晕染效果）；将“都市元素占比”滑块从 50% 拖至 30%（强化留白）。

记忆强化：当某次偶然生成“咖啡渍晕染成山峦”的惊艳效果，立即打上★标记，AI 会记住这种非常规联想模式。

从概念萌芽到视觉落地的三阶段演进

让我们深入探讨“窗框分割世界”这个创意的迭代历程。这个设计演进过程展示了双 AI 系统如何通过反复优化最终达到理想的艺术效果。

初版尝试：采用了写实摄影风格，窗外呈现了包含清晰可辨的车流与人潮的都市景象。这种具象化对比让画面显得过于生硬，无法营造出预期的宁静氛围。这一版视觉冲突太过强烈，需要重新调整表现方式。

进化探索：在 DeepSeek 的指导下，创作者尝试将窗外的城市景观转换成流动的色块组合。即梦调整了笔刷参数和渲染技法，创造出朦胧梦幻的视觉效果。这一版艺术感和意境表现到位了，但城市特有的节奏韵律和标志性特征被弱化。

最终突破：AI 系统提出了创新性解决方案——将公交车等城市元素解构为充满几何美感的乐高积木式形态。这种处理既保留了都市生活的符号化隐喻，又通过极简主义手法维持了画面整体的宁静基调，成功实现了概念深度与视觉美学的双重突破。

当科技遇见温度

最终，你的咖啡店墙上挂着这样的作品：混凝土墙面上，一幅 AI 生成的海报里，拿铁咖啡的热气在玻璃窗上晕开，呈现出微型城市的轮廓。右下角一行小字由 DeepSeek 撰写：“我们贩卖的不是咖啡因，是让快节奏失效的 15 分钟”。

这或许就是智能工具最美的样子——它们不是替代人类的想象力，而是把那些转瞬即逝的灵感闪电转化成可见的万家灯火。

五、DeepSeek+ima：知识管理的终极方案

DeepSeek 的核心优势在于它能在浩瀚的知识海洋中精准采撷珍珠。当你为它打造一座量身定制的知识图书馆，它就能像一位了解你所有经历与追求的智者，为你提供量身定制的解决方案。这种高度个性化的能力，让它成为个人和组织值得信赖的智慧伙伴。

“如何将我的阅读笔记与 ima 结合，建立个人专属知识宝库？”

我们的大脑就像一个知识仓库，存放着各种电子书、笔记和研究资料等思维结晶。但如果这些信息以碎片化形式堆积时，其价值就大打折扣。通过整合 DeepSeek 和 ima，我们可以打造一个高效的知识管理系统。ima 负责建立一个不断进化的知识体系，让所有信息都得到合理归类；而 DeepSeek 则专注于整理和串联分散的知识点，将离散的概念编织成完整的思想网络。

AI 驱动的知识管理系统：你的第二大脑

这套系统的运作逻辑犹如精密的“知识炼金工坊”，通过多重转化过程实现价值跃迁。

▶原料采集

有了 ima 这个万能收集器，你的各类知识素材都有了理想的归宿：从学术论文到灵感碎片，从精选网页到电子书札记，专业研究和日常感悟都被梳理得井然有序。它如同一位极富条理的图书管理员，不仅细心地为每一份收藏建立分类体系和关键词索引，更构建起立体化的知识网络。

▶精炼提纯

DeepSeek 犹如一台高效的思维过滤器，能够将冗长的 2 万字会议录音精准提炼为清晰的“决策树模型”，并智能匹配、关联相关的商业实践案例，实现理论到实践的即时转化。

DeepSeek 同时扮演着知识重组大师的角色，敏锐捕捉分散在不同领域的灵感火花，将“用户增长策略”、“行为经济学理论”和“咖啡品牌案例”有机融合，输出具备商业落地性的完整方案。

▶催化反应

当策划营销方案时，只需输入“儿童节巧克力食品创意促销活动”，DeepSeek 即刻启动三重智能引擎。

知识全景导航

深度挖掘：自动抓取知识库中近三年的儿童节营销档案、巧克力产品图库、历史销售数据。

趋势雷达：同步匹配小红书亲子话题热度、抖音儿童节挑战赛播放量、竞品动态等云端数据。

学术赋能：解析《食品包装设计心理学》中“色彩心理学”核心章节，标注关键决策点。

创意催化器

需求拆解：自动拆解为“目标人群画像”“消费场景模拟”“情感价值设计”三大模块。

灵感碰撞：借鉴迪士尼联名案例，生成“童话主题故事礼盒”创意；根据 Z 世代育儿报告，推演“亲子烘烤工作坊”可行性方案；参考过往成功的“满赠集卡”玩法，迭代现有规则。

风险预警：自动标注“高糖食品争议”等舆情敏感点，并智能匹配健康食谱彩页作为传播物料。

实时推演沙盘

生成 3 套差异化方案：A 方案：魔法学院主题（虽然预算增加 30%，但传播性强）；B 方案：怀旧零食复刻（成本下降 15%，适合下沉市场）；C 方案：公益助学联动（提升品牌美誉度）。

附带数据看板：预测各方案在客流量、转化率、社交媒体曝光 3 个方面的量化指标。

整个过程就像有个虚拟营销智库在为你工作：凌晨 2 点更新的行业报告、上周随手记的便利店观察小结，甚至 3 年前失败的案例，这些历史数据都会被重新激活，组合成有生命力的创意方案。当系统检测到你反复修改定价策略时，还会弹出历史价格敏感度分析曲线，帮你避开那些年踩过的“坑”。

从“信息囤积”到“知识生产”：让数据化为智慧的跃迁

让我们设想一个令人振奋的工作场景：当你正在筹备一场“注意力经济”主题演讲时，DeepSeek 和 ima 这对默契搭档会像经验丰富的智能助手一样，全方位支持你的创作过程。

智能知识萃取：智能梳理你的知识库，精准提取“稀缺性原理”“多巴胺机制”等核心理论模型，并自动建立它们之间的逻辑网络，形成一个完整的理论框架。

思维进化追踪：ima 的时间轴视图会清晰勾勒出过去三年间你做的相关笔记的认知发展轨迹，展现出思维的进化过程，让你能够直观地看到自己对这个话题理解的深化历程。

多媒体智能解析：智能分析你收藏的 TED 演讲视频内容，不仅能精准定位与演讲主题强相关的片段，还能自动生成关键论点摘要和金句引用，为你的论点增添有力的佐证。

基于深度学习算法，预测并生成一个全面的观众提问决策树，同时为每个可能的问题配备相应的论据库、案例集和回应策略，让你在问答环节游刃有余。这就像为大脑装上了一台超级计算引擎，不再需要在记忆的迷宫中艰难搜寻，而是让知识如活水般自然流动，沿着精心设计的思维管道，源源不断地涌向需要的地方。每一个想法都能找到最合适的生长土壤，每一段灵感都能获得充分的营养供给。当你的个人知识库开始像园丁一样精心培育创造力时，你或许会突然领悟博尔赫斯那句充满智慧的话："天堂应该是图书馆的模样。"

个人到团队：知识协同的无缝衔接

在智慧型工作空间中，每位员工的知识贡献都能被系统精准捕捉和高效传递。系统会自动分析各类文档，将 PPT 中的决策要点和 PDF 中的研究数据转化为清晰的知识标签。这些标签不仅便于快速检索，还能自动建立关联，形成实时更新的知识网络。新员工了解项目时，系统会智能推荐相关的会议记录、研究报告和经验总结，大幅缩短上手时间。这种方式使团队的集体智慧得以持续积累和传承。通过 ima 打造的团队知识库，再借助 DeepSeek 的应用激活这些知识，团队的知识价值将得到充分发挥。

▶知识管理更智能

智能归档：快速处理各类文档，自动提取重要内容并建立清晰的分类标签。定期更新和整理文档，确保知识库内容始终保持准确性和及时性。

学习助手：分析你的学习进度，找出需要加强的领域，制定个性化的学习计划。根据学习效果及时调整方案，帮你更好地掌握知识。

创意助手：整合最新的行业信息和市场动态，结合你的项目经验提供新的思路。及时发现潜在的机会和挑战，帮助你做出更好的决策。

▶团队协作更轻松

知识中心：采用智能分类系统，将企业各类资料有条理地整理归档，建立清晰的知识地图。新同事可以通过交互式导航快速定位所需文档，系统还会根据工作内容主动推送相关资料，大大缩短适应期。

会议助手：实时记录并智能分析会议内容，自动提取关键决策点和行动项，生成结构化会议纪要。同时关联历史会议记录，给出相似议题的往期决策，确保决策的连续性和一致性。

合规助手：基于最新的法律法规数据库，自动扫描和审查合同文本，识别潜在风险条款，并提供针对性的修改建议。同时追踪政策变化，确保企业运营始终符合最新的合规要求。

智慧联手：DeepSeek 与 ima 为企业打造知识新引擎

与传统知识管理工具相比，这套系统就像是给企业装上了一颗"智慧大脑"，带来三大突出优势。

聪明又好用：不用懂技术也能轻松驾驭。系统直接连接 DeepSeek-R1 的云端智能，让复杂的知识管理变得简单自然。

打通信息孤岛：打通微信生态圈的各个角落。无论是收藏的公众号文章，还是小程序里的内容，都能完美串联。

持续自我进化：随着新信息的注入不断茁壮。企业的知识库能以前所未有的速度更新迭代，效率提升超过一倍。

某科技公司试点表明，采用 DeepSeek 与 ima 联合打造的方案后，员工日均信息检索耗时从53分钟降至9分钟，跨部门协作效率提升41%。随着知识管理从"人工归档"向"AI驱动"转型，该系统的规模化应用将为企业构建可持续的认知竞争力。

第六篇

敢问路在何方

与 DeepSeek 和谐共处的智慧

——平衡技术与人文，
强调理性使用和边界意识

一、真相探测器：DeepSeek 也会“胡说八道”

尽管 DeepSeek 表现出惊人的智能，但它也会时不时“胡说八道”，比如编造不存在的信息，或者自信满满地给出错误答案。这种现象在 AI 领域被称为“幻觉”。让我们深入了解这个有趣又值得警惕的特性。

数字世界的“皇帝新衣”

2023 年，美国科罗拉多州法庭上演了荒诞一幕：在律师施瓦茨提交的辩护状中，引用了 6 个看似权威却查无出处的法律判例。追问之下，他尴尬地承认这些内容来自 ChatGPT 的虚构创作。这标志着一个新时代的困境——AI 幻觉开始从技术术语演变为社会现象。

这种“数字虚构症”的运作机制，可以用乐高积木游戏来理解：当大语言模型拼接知识碎片时，若缺少某块关键积木，它会选择形状最接近的替代品继续搭建，哪怕最终造出的是带螺旋桨的城堡。DeepSeek 等模型本质上在进行概率计算，通过万亿参数的神经网络矩阵，选择最可能延续文本的词汇组合，而非真正理解语义。

通俗解释：AI 的“想象力”从何而来?

可以将 AI 比喻为一位博览群书的“超级学生”，但它的学习方式与人类有着根本的不同。它通过海量数据中的模式匹配来“猜测”答案，就像在解答一道开放性试题。当遇到知识盲区或不确定的领域时，它不是像人类那样坦诚地说“我不知道”，而是基于已有的知识模式，组织出一个看似合理、逻辑自洽，但可能与事实不符的回答。这种特性既展示了 AI 强大的联想能力，也暴露了它在准确性方面的潜在风险。

那些被 AI“坑”过的名场面

医疗乌龙：一位老人因听从 AI 建议要注射名为“百瑞安”的药物，与医生发生了争执，后来却发现该药物根本不存在。

社会闹剧：在爱尔兰都柏林，数百人被 AI 杜撰的“广场文化聚会”消息误导，苦等了一整夜，最终直到警察出面辟谣，人群才渐渐散去。

商业赔偿：2023 年 11 月，一名乘客因需乘坐加拿大航空（以下简称加航）的航班回国参加祖母葬礼，便向智能机器人咨询是否有相关折扣。机器人回复称，乘客可先按原价购票，在购票的 90 天内申请丧亲折扣退款。然而实际上，加航并无此类丧亲折扣政策。该乘客后续按机器人建议操作并申请退款时遭到拒绝，于是将加航告上法庭。最终法庭判决加航承担相应责任。

事实性幻觉和重视性幻觉：AI 幻觉的两副面孔

事实性幻觉：知识的“创造性填补”

经典案例：AI 会像历史小说家一样进行“艺术加工”，比如把毕加索描述成文艺复兴时期的画家，或声称特斯拉发明了智能手机。

生成机制：当 AI 遇到知识盲区时，会像拼图玩家一样用相似的碎片填补空缺，进而生成看似合理、实则漏洞百出的错误信息。

忠实性幻觉：跑偏的思维联想

典型表现：AI 就好比一位思维过度发散的创意人，本想写一篇温馨的宠物故事，却不知不觉转向了野生动物保护的严肃议题。

深层逻辑：AI 的注意力机制会不自觉地追随某些关键词，就像一位摄影师被远处的明亮物体吸引而忘记了拍摄眼前的主角。

让我们通过三个生动的日常场景，深入理解 AI 产生“幻觉”现象背后的技术原理。这些原理虽然复杂，但通过类比可以让我们更好地把握其本质。

记忆碎片：就像你手中只有 2021 年版的电子书库，书里的内容仅停留在 2021 年及之前，无法获知最新资讯一样，AI 获取和存储的知识也存在时间限制。比如它可能对你所在城市最近新开通的地铁线路一无所知，或是无法获知最新发布的手机型号。这种“知识断档”现象让 AI 不得不依据旧信息来回答新问题。（技术原理：训练数据截止性）

脑补高手：这就像你在完成一幅拼图时，发现缺少了关键的几块。为了让画面完整，你会用相似的碎片来填补空缺。AI 也是如此，当它需要描述某个概念但又缺乏完整信息时，就会把相似的概念特征组合在一起。例如在描述支付功能时，可能会把“微信支付”和“支付宝”的特点糅合在一起，从而形成一个似是而非的描述。（技术原理：概率生成机制）

语言游戏王：想象一个过分热情的创意写手，当你只是简单要求“帮我写封感人的辞职信”时，它可能会天马行空地发挥，写出充满戏剧性的“世界那么大，我要去拯救地球”之类的华丽台词。AI 在理解和生成文本时，也常常会因为对语境理解得不够准确，而产生不符合语境要求的过度文学化或戏剧化的表达。（技术原理：语义理解偏差）

应对 AI 幻觉的科技净化：智能系统的自我修正

为了应对 AI 幻觉带来的挑战，研究人员开发了一套精密的校正机制，就像为智能系统装上了一个可以过滤错误、纠正偏差的智能防护罩。

算法层面的“紧箍咒”

检索增强生成（RAG）：让 AI 在作答前先扫描知识库，如同考生带着《五年高考三年模拟》进考场。通过向量化检索技术，DeepSeek 在响应“儿童节促销方案”相关需求时，能自动关联用户知识库中的历史方案、云端最新消费趋势数据及行业白皮书。

思维链显化：强制模型展示推理路径，就像数学老师要求"写清解题步骤"一样。当 AI 声称"秦始皇发明活字印刷"时，其推导过程会暴露"秦朝→文化发展→印刷技术"的错误关联链。

对抗训练：用 20% 的陷阱题对模型开展"抗忽悠特训"。例如要求模型证明"1+1=3"这类明显违背数学逻辑的命题，训练模型可识别其中的逻辑漏洞。

数据层的净化工程

知识蒸馏：将 671B 参数的"庞然大物"蒸馏成 30B 的精华模型，如同把《辞海》压缩成重点笔记。通过分层剪枝技术，去除冗余参数的同时保留核心知识。

动态数据清洗：建立数据可信度热力图，自动隔离疑似污染内容。例如，当检测到某篇论文被 3 个权威库标记为"存疑"，系统会将其移入沙箱隔离区。

用户防"幻"指南：智慧甄别 AI 输出的必备技能

掌握以下实用技巧，让你在与 AI 互动时能够更好地识别和防范"幻觉"现象，成为一位真正懂得明辨真伪的智能用户。

黄金三问法：层层深入的真实性检验

和 AI 交谈时，把它当作一位博学但并非完美的朋友，用以下三个层层递进的问题来确保对话质量。

首先问："你能告诉我这个信息是从哪里来的吗？最好能给我看看具体的参考资料"——就像和朋友聊天时会问"这个消息你是从哪里听说的？"

接着追问："这些信息现在还管用吗？有没有什么新变化？"——毕竟世界每天都在变化，昨天的"真相"可能已经过时了。

最后深入问："你说的这些概念之间有什么细微差别？能不能举个具体例子说明？"——因为有时候看似相近的概念背后可能大有不同。

问题表达的艺术：精准提问原则

向 AI 提问时，就像在收藏夹地图上标记目的地一样，我们需要提供明确的坐标和背景信息。其中，时间节点、地理位置、具体条件等关键要素缺一不可，只有将这些信息清晰准确地传达给 AI，它才能精准定位并给出符合要求的回答。

泛泛而谈："股市怎么赚钱？"或"买什么基金好？"

这类问题就像在茫茫大海中寻找方向，很难得到有价值的答案。

精准定位：“作为 2024 年第二季度准备入市的北京白领，月收入 2 万，风险承受度中等，想用 10 万元起步投资 A 股。目前市场环境和政策导向下，适合怎样的投资组合？”

这样的提问为 AI 提供了清晰的决策框架，能得到更有针对性的建议。

分步拆解法：系统化的问题分解策略

将复杂的问题转化为循序渐进的探索过程，每一步都确保理解透彻再进入下一阶段。

表 6.1　分步拆解法

第一步：	请详细解释量子计算机的基本工作原理，重点说明量子比特的概念
第二步：	从计算速度、存储容量、能耗效率等多个维度，分析量子计算机与传统计算
第三步：	请举例说明量子计算机在金融建模、药物研发、气候预测等领域的具体应用
第四步：	探讨目前量子计算机面临的主要技术挑战和未来发展方向

双保险策略：多源交叉验证机制

对于重要信息的验证流程必须遵循以下完整路径：

AI 回答 → 主流搜索引擎多方核实 → 行业权威网站或专业数据库确认 → 咨询相关领域专家意见 → 综合分析后才能最终采纳

表 6.2　AI 回答的错误类型与识别技巧

类型	典型案例	识别小技巧
时空错乱	声称 2023 年梅西效力巴黎圣日耳曼	查最新赛事新闻对照
专业漏洞	把《中华人民共和国公司法》和《中华人民共和国劳动法》混用	核对政府官网法律原文
逻辑迷宫	声称“下雨天要多晒太阳预防感冒”	用常识判断合理性
文化混搭	让英国女王用东北方言拜年	观察是否符合文化背景

表 6.3　AI 回答的验证手段与实施要点

验证手段	实施要点	误差降低率
跨平台比对	使用 ChatGPT/DeepSeek/ 文心一言交叉验证	68%
溯源检查	要求标注数据来源（如《2024 新能源蓝皮书》P45）	55%
常识过滤器	人工核查“猫是否会开潜艇”等反常识结论	92%

经过这些严格把关，AI 的可靠性正稳步提升——某法律 AI 在判例引用方面的准确率从 72% 上升到 94%，医疗诊断系统的误判率也降至 3.8%。这就像给 AI 配备了一个智能导航系统，让它既能充分发挥能力，又能始终保持在正确的航道上。

与 AI 幻觉共舞：人机协同新范式

在深圳某三甲医院的放射科，AI 辅助诊断系统会这样标注："肺结节恶性概率 78%（参考来源：《中华放射学会 2023 指南》），但建议结合患者吸烟史复核"。这种"自信度标注"机制，正是人机协作的典范——AI 负责提供概率参考，人类掌握最终决策权。

技术进化数据令人振奋：DeepSeek-R1 模型的幻觉率从 2022 年的 23.7% 降至 2024 年的 9.8%，在医疗、法律等专业领域的错误率更低至 4.3%。这得益于"人在回路（Human-in-the-loop）"训练机制：每当用户点击"纠错"按钮，模型就像学生收到老师批改，实时调整认知路径。

AI 幻觉如同镜子，既照见技术的局限，也反射人类的认知盲区。当我们学会用"质疑的眼神欣赏，用欣赏的心态质疑"，便能将这场数字时代的认知革命转化为文明跃升的阶梯。下次与 DeepSeek 对话时，不妨带着侦探的敏锐与孩童的好奇——因为最好的技术永远在追问中成长。

二、道德罗盘：DeepSeek 使用的是非界限

当 AI 成为助手，如何守住人性的底线？

当 AI 开始参与创作合同、撰写医疗报告甚至辅助司法决策时，它如何判断“抄袭”与“借鉴”、“严谨”与“保守”、“创新”与“越界”的界限？DeepSeek 的“道德罗盘”就像给 AI 装了一套智能交通系统——既能自由驰骋在知识的公路上，又不会闯红灯冲进伦理禁区。

在探索 AI 应用的旅程中，每个场景都像一个独特的十字路口，需要我们遵循特定的“信号灯规则”来确保安全和合理使用。让我们深入剖析不同场景下的伦理准则，共同描绘一幅 AI 使用的智慧地图。

学术写作：AI 辅助的“三可以”与“三不可以”

真实困境：小张用 DeepSeek 整理论文框架，却被导师指出“过度依赖 AI”；小王用 AI 润色语句，却因未标注被认定抄袭。

表 6.4　AI 辅助的使用守则

可以做	不可以做
梳理文献脉络	直接生成整篇论文
检查语法错误	虚构研究数据
转换表达方式	复制他人观点不标注

学术规范三步法：确保 AI 辅助写作的专业性与透明度

第一步，详细标注声明

在学术作品末尾必须添加清晰的 AI 使用说明。例如，“本文的写作过程中使用了 DeepSeek AI 辅助系统进行以下工作：文献综述整理、语言表达优化、参考文献格式规范化（请具体列出所有使用功能）。作者确保所有 AI 生成内容均经过严格审核与验证。”

第二步，严格人工核验流程

对于 AI 提供的所有文献引用、数据分析和研究结论，研究者必须执行完整的人工核查程序。这包括追溯原始文献、验证数据准确性、确认研究方法的可靠性，并记录整个核验过程

第三步，规范化引用体系

遵循国际学术标准，详细注明 AI 系统的参与情况。

规范引用示例（APA 格式）：DeepSeek. (2023). [详细说明 AI 辅助内容，包括使用日期、具体功能及其对研究的贡献]. DeepSeek AI 对话系统 . <https://www.deepseek.com>。

教育领域：培养独立思考与创新能力

红灯行为：完全依赖 AI 完成作业任务，如让 AI 直接写作文或解答数学题。这不仅会严重影响学习效果和能力培养，还可能导致学习惰性和思维僵化，阻碍创造力的发展。

黄灯注意：在家长或教师的专业指导下，适度使用 AI 辅助学习。例如，通过 AI 理解难点、分析错题思路、探讨多种解决方案，但始终确保学生保持主动思考和独立判断的能力，将 AI 作为激发思维的助手而非替代品。

绿灯行动：将 AI 转化为智慧学习助手，用于生成个性化练习题、制作立体知识导图、设计科学的学习计划、模拟考试场景，甚至创建互动式学习体验，充分发挥 AI 在教育辅助方面的正面价值。

医疗咨询：以专业判断和生命安全为首要准则

危险行为：“请根据我描述的症状直接推荐具体药物治疗方案”或“帮我诊断这些症状代表什么疾病”等试图替代专业医疗判断的行为。这类行为可能导致误诊、

延误治疗，甚至造成严重的健康风险。

正确方式：“请帮我理解这份体检报告中的专业术语含义”或“为我整理常见流感预防知识”等辅助性信息咨询。将 AI 定位为医疗知识普及和健康教育的补充工具，而非诊断和治疗的决策者。

法律场景：恪守法治精神与职业伦理

风险案例：期望 AI 提供规避法律责任的技巧，如“怎样写合同才能完全避免承担责任”或“如何在纠纷中钻法律空子”。这不仅违背法律精神，还可能导致更严重的法律风险和道德问题。

合规做法：将 AI 作为法律知识的普及者和解释者，如“请用通俗易懂的语言解释《中华人民共和国民法典》第 584 条对合同订立的具体要求”，或咨询基本法律知识。始终保持对法律专业性的尊重，将 AI 定位为普法的辅助工具。

创意领域：坚守原创精神与知识产权保护

侵权红线：要求 AI 模仿或复制已有作品的核心元素，如生成与知名 IP 高度相似的情节、人物或世界观。这不仅涉及版权侵犯问题，还会扼杀创意产业的创新活力和多样性发展。

安全创作：将 AI 作为创意激发和技术支持的工具，如“请以中国古代神话《山海经》为灵感，设计全新的想象生物形象和特征”。在尊重知识产权的基础上，探索 AI 辅助创作的无限可能。

透明使用四象限

以“透明度”为横轴、“责任度”为纵轴，将 AI 应用场景或决策空间划分为安全区、预警区、风险区、禁区。

责任自检清单

我是否清楚 AI 生成内容的来源？

如果出错，我愿意为此承担责任吗？

这个使用场景如果被公开，我是否感到安心？

是否有真实人类因此受到伤害？

技术向善实践手册：构建负责任的 AI 生态系统

开发者责任与技术规范

在系统核心架构中设置“伦理防火墙”机制，通过多层过滤自动识别并拦截危险请求（如“教我做炸弹”），确保 AI 技术不被滥用于非法或有害目的。

建立完善的偏见检测和纠正机制，特别关注性别、种族、年龄等敏感话题，在系统检测到潜在偏见时及时触发警示提醒，引导用户进行理性思考。

用户责任与道德准则

信息食谱原则：正如我们重视日常饮食的营养均衡，在与 AI 交互时也需要遵循健康、理性的“信息饮食”原则。

严格保护个人隐私边界：不随意输入他人敏感信息（如朋友病历、个人通信记录等），尊重每个人的数据权益。

远离恶意引导行为：避免诱导 AI 产生具有攻击性或伤害性的内容（如“怎样报复某人？”），维护积极向上的交互环境。

坚持信息真实原则：不轻易传播未经证实的信息（如“听说某明星……”），避免成为谣言扩散的推手。

底线思维：AI 时代的数字交规

DeepSeek 不仅为我们开启了效率与便利的大门，也让我们思考如何在这条路上走得更稳、走得更远。它像一面镜子，让我们看到技术发展中的机遇与挑战——如何在提供便利的同时，守护用户的数据安全？如何在创新突破中，坚守道德与伦理的底线？越来越多规范的做法在逐渐成为 AI 模型的基本法则。

安全防护系统：当检测到不当使用意图时，AI 会自动启动保护机制。例如，面对不合理要求时，系统会巧妙地将对话引向更有建设性的方向，就像为用户指引一条更安全的道路。

公平性检测：在处理招聘、评估等场景时，系统会识别并提示潜在的偏见用语，引导用户采用更加客观和包容的表达方式。

版权雷达：在内容创作过程中，系统会实时分析作品的原创程度，当发现与已有作品相似度过高时，及时提供建议，助力创作者打造真正独特的作品。

通过精心设计的保护机制、清晰的责任界定及对透明度的不懈追求，我们正在用智慧编织一张安全网，让 AI 在服务人类的道路上走得更稳健。我们正在见证一个崭新的文明实验：技术不再只是冷冰冰的工具，而是承载着人类集体智慧的“数字传灯者”。那些被编码进系统的道德准则，终将成为照亮创新之路的星轨——既约束 AI 不堕入深渊，也指引人类跨越认知的巴别塔。

三、未来驾驶舱：DeepSeek 发展的多种可能

就像一个正在成长的孩子，每个 AI 都有其独特的发展轨迹。DeepSeek 自诞生以来，每一次版本升级都引发业界广泛关注和热烈讨论。这位“新生代 AI”像一颗冉冉升起的新星，未来究竟会在科技的星空中绽放出怎样的光芒？在不同领域专家和用户的眼中，它的发展蓝图呈现出丰富多彩的可能性。让我们一起展望这些令人期待的未来图景。

多元化发展路径

专业化深耕：就像一位医生不仅要精通临床诊断，还需要了解预防医学、心理疏导等多个维度，DeepSeek 也在朝着全方位专家的方向迈进。它有望在医疗、法律、教育、金融等专业领域精耕细作，通过持续学习和经验积累，最终成为各行各业不可或缺的得力助手。每个领域都将获得量身定制的专业化支持，让 AI 真正实现知识的纵深发展。

感知能力升级：想象一下，未来的 DeepSeek 不仅能读懂文字的字面含义，还能深入理解图像中的细微细节、准确识别声音中的情感变化，甚至能敏锐捕捉人类表情背后隐藏的微妙心理。这种全方位的感知能力，就像人类从最初的单一听觉，逐步发展出视觉、触觉等丰富的感知系统，让AI与人类的互动变得更加自然和深入。

个性化服务：就像一位相知多年的老朋友，它不仅能记住你的使用习惯和个人偏好，还能理解你的思维方式和价值取向，在日常交互中展现出独特的洞察力。通过持续学习和互动，它能够精准把握每位用户的需求，提供越来越贴心的个性化服务体验。

社会角色的演变

知识的桥梁：它将成为连接浩瀚知识海洋与求知者的智慧桥梁，不仅能帮助用户快速定位所需信息，还能深入挖掘知识间的关联，启发创新思维，让每个人都能在茫茫知识海洋中找到属于自己的珍贵明珠。

创意的催化剂：像一位永不疲倦的头脑风暴伙伴，它不仅能提供思维火花，还能通过多维度的知识整合和关联分析，激发用户的创新灵感，帮助突破常规思维的限制，开辟全新的创意天地。

数字世界的守护者：随着其影响力的持续扩大，它需要担负起更重要的社会责任，不仅要守护数字世界的安全与伦理底线，还要积极促进数字文明的健康发展，成为链接现实与虚拟世界的重要纽带。

前路漫漫：挑战与机遇并存

技术的挑战：就像攀登珠穆朗玛峰，每前进一步都需要克服新的技术难关。从基础的语言理解到高级的推理能力，从简单的因果认知到复杂的情境判断，每一个技术高峰都在等待征服。这是一场永无止境的探索之旅，需要持续不断的创新与突破。

平衡的智慧：如何在追求效率与保障安全之间找到完美的平衡点？如何在技术创新与伦理约束中寻求最佳契合？这些都需要开发者与用户共同探索，用智慧和耐心找到最优解。

共同成长：教会用户正确理解和使用AI，不仅要像教导孩子使用工具那样细心，更要培养用户的批判性思维和责任意识，让人机协作真正实现双赢。

无论未来如何演变，有一个核心理念始终不变：技术进步必须以人为本，以服务人类社会的可持续发展为终极目标。DeepSeek 的成长之路，不仅需要技术的持续突破，更需要所有利益相关者的共同参与和智慧引导。在这条充满挑战与机遇的道路上，只有实现技术与人文的深度融合，才能让 AI 真正成为推动人类社会进步的强大助推器，为人类文明的发展谱写新的篇章。